安全生产知识普及百问百答丛书

安全生产管理百问百答

安全生产知识普及百问百答丛书编写组

杨　勇　时　文　王琛亮　葛楠楠　曹炳文
佟瑞鹏　刘松涛　任彦斌　秦荣中　徐孟环
孙　超　韩雪萍　杨晗玉　王一波　翁兰香

中国劳动社会保障出版社

图书在版编目（CIP）数据

安全生产管理百问百答/《安全生产知识普及百问百答丛书》编写组编. —北京：中国劳动社会保障出版社，2015
（安全生产知识普及百问百答丛书）
ISBN 978-7-5167-1742-4

Ⅰ.①安…　Ⅱ.①安…　Ⅲ.①安全生产-生产管理-问题解答　Ⅳ.①X92-44

中国版本图书馆CIP数据核字（2015）第057113号

中国劳动社会保障出版社出版发行
（北京市惠新东街1号　邮政编码：100029）
*
中国铁道出版社印刷厂印刷装订　　新华书店经销
850毫米×1168毫米　32开本　5.125印张　112千字
2015年3月第1版　　2019年4月第3次印刷
定价：18.00元

读者服务部电话：（010）64929211/64921644/84626437
营销部电话：（010）64961894
出版社网址：http://www.class.com.cn

概　述

我国安全生产管理体制与法制

安全生产监督与监察

企业安全生产管理

重大危险源监控与事故预警机制

安全评价

事故应急救援

职业卫生

职业健康安全管理体系

企业安全文化建设

事故报告和调查处理

安全生产统计

概　　述

1. 安全和本质安全是如何定义的?

安全，是指没有危险、不出事故的状态。生产过程中的安全，即安全生产，是指“不发生工伤事故、职业病、设备或者财产损失”。

危险性是对安全性的反面体现，当危险性低于某种程度时，人们就认为是安全的。也就是说，安全是将危险控制到人们可以接受的程度。无论是安全还是危险都是相对的，没有绝对的危险，也没有绝对的安全。

本质安全是指通过设计等手段，使生产设备或整个生产系统本身具有安全性，即使在被误操作或发生故障的情况下也不会造成事故。

本质安全功能具体包括两方面的内容：

（1）失误——安全功能

操作者即使操作失误，也不会发生事故或者伤亡，设备、设施和生产工艺本身具有自动防止人的不安全行为的功能。

（2）故障——安

全功能

设备、设施或者生产工艺系统发生故障或者损坏时，还能暂时维持正常工作或自动转变为安全状态，避免使用者受到伤害。

上面说的两种功能应该是设备、设施和生产工艺本身固有的，即在规划设计阶段就要被充分考虑，而不是事后补偿再给予的。

[相关链接]

本质安全是生产中“预防为主”的具体体现，也是安全生产的最高境界。实际上，这应该属于一种理想状态，会因为社会和环境因素等的制约，无法实现。但是，科技进步和人们不断地追求，使得本质安全在一定程度上得到研究并结合实际开展，如我国开展的“打造本质安全型矿井”课题在一些条件较好的矿区进行试运行，虽然没有绝对地解决安全问题，但是也为安全生产管理提供了一定的经验并为提升企业安全生产水平做出了贡献。

2. 什么是安全生产事故?

一般是这样定义事故的：事故是指生产系统或者生产工作中的人遭受阻碍或中止现状，可能导致人员受到伤害或财产受到损失的非预先知晓的意外事件。通常人们认为，安全生产事故是指安全生产管理中的伤亡事故和职业危害事故，是从业人员在生产活动中发生的人身伤害和职业中毒事故。事故具有以下基本特征：

（1）普遍性

各类事故的发生具有普遍性，从更广泛的意义上讲，世界上没有绝对的安全。

（2）随机性

事故的发生是随机的，同样的前因事件随时间的进程导致的后果不一定完全相同，但偶然中有必然，必然性存在于偶然性之中。

（3）必然性

偶然性是指事物发展过程中呈现出来的某种摇摆、偏离，是可以出现或不出现、可以这样出现或那样出现的不确定的趋势。必然性是客观事物联系和发展的合乎规律的、确定不移的趋势，是在一定条件下的不可避免性。

（4）因果相关性

事故因果性是说一切事故的发生都是由一定原因引起的，这些原因就是潜在的危险因素，事故本身就是所有潜在危险因素或显性危险因素共同作用的结果。在生产过程中存在着许多危险因素，不但有人的因素（包括人的不安全行为和管理缺陷），而且也有物的因素（包括物的本身存在着不安全状态以及环境存在着不安全条件等）。

（5）潜伏性

事故的潜伏性是说事故在尚未发生或还未造成后果的时候，是不会显现出来的，好像一切还处在“正常”和“平静”状态。但生产中的危险因素是客观存在的，只要这些危险因素未被消除，事故总是会发生的，只是时间的早晚而已。

（6）危害性

事故都具有破坏性，是人们不想看见的结果。但是，人们长期同事故做斗争，促进了生产力的发展。我们应当认识事故，预防和控制事故，研究控制事故的方法和措施。正因为如此，催生了安全生产管理这样一门学问，使人们不是消极地应对事故，而是积极主动地去预测和控制事故，将事故的危害降低到最低水平。

[相关链接]

国家安全生产监督管理总局颁布的《安全生产事故隐患排查治理暂行规定》，将“安全生产事故隐患”定义为：生产经营单位违反安全生产法律、法规、规章、标准、规程和安全生产管理制度的规定，或者因其他因素在生产经营活动中存在可能导致事故发生的物的危险状态、人的不安全行为和管理上的缺陷。

[法律提示]

国务院令第493号《生产安全事故报告和调查处理条例》，将“生产安全事故”定义为：生产经营活动中发生的造成人身伤亡或者直接经济损失的事件。

按照国家标准《企业职工伤亡事故分类》（GB 6441—1986），将企业工伤事故分为20类，分别为物体打击、车辆伤害、机械伤害、起重伤害、触电、淹溺、灼烫、火灾、高处坠落、坍塌、冒顶片帮、透水、放炮、瓦斯爆炸、火药爆炸、锅炉爆炸、其他爆炸、中毒和窒息及其他伤害等。

3. 什么是安全生产管理?

安全生产管理是管理学的重要组成部分，是安全科学的一个分支学科。那么什么是安全生产管理呢？安全生产管理是指针对人们在生产过程中的安全问题，运用有效的资源，发挥人们的智慧，通过努力，进行有关决策、计划、组织和控制等活动，实现生产过程中人与机器设备、物料、环境的和谐发展，达到安全生产的目标。

安全生产管理的目标是：减少和控制危害，减少和控制事故，尽量避免生产过程中由于事故所造成的人身伤害、财产损失、环境污染以及其他损失。安全生产管理包括安全生产法制管理、行政管理、监督检查、工艺技术管理、设备与设施管理、作业环境和条件管理以及劳动防护用品管理等。

安全生产管理的基本对象是企业的从业人员，涉及企业中的所有人员、设备、设施、物料、环境、财务、信息等各个方面。安全生产管理的内容包括：安全生产管理机构和安全生产管理人员、安全生产责任制、安全生产管理规章制度、安全生产策划、安全生产教育培训、安全生产档案等。

[相关链接]

《辞海》中将“安全生产”解释为：为预防生产过程中发生人身、设备事故，形成良好劳动环境和工作秩序而采取的一系列措施和活动。《中国大百科全书》中将“安全生产”解释为：旨在保护劳动者在生产过程中安全的一项方针，也是企业管理必须遵循的一项原则，要求最大限度地减少劳动者的工伤和职业病，保障劳动者在生产过程中的生命安全和身体健康。

安全生产管理是企业管理的重要组成部分，包含在企业管理之中并贯穿始终。

[法律提示]

《宪法》第四十二条明确规定：“国家通过各种途径，创造劳动就业条件，加强劳动保护，改善劳动条件，并在发展生产的基础上，提高劳动报酬和福利待遇。”

《劳动法》第一章总则的第三条规定：“劳动者享有平等就业和选择职业的权利、取得劳动报酬的权利、休息和休假的权利、获得劳动安全卫生保护的权利、接受职业技能培训的权利、享受社会保险和福利的权利、提请劳动争议处理的权利以及法律规定的其他劳动权利。”

《安全生产法》第一章总则第一条规定：“为了加强安全生产工作，防止和减少生产安全事故，保障人民群众生命和财产安全，促进经济社会持续健康发展，制定本法。”

4. 现代安全生产管理理论主要有哪些?

（1）海因里希事故因果连锁理论

1941年美国工程师海因里希（Heinrich）最早提出了事故因

果连锁理论，核心思想是：伤害事故的发生不是一个孤立的事件，而是一系列原因事件相继发生的结果，即伤害与各原因相互之间具有连锁关系。海因里希提出的事故因果连锁过程包括5种因素：遗传及社会环境、人的缺点、人的不安全行为或物的不安全状态、事故、伤害。

上述事故因果连锁关系，可以用5块多米诺骨牌来形象地加以描述，如果第一块骨牌倒下（即第一个原因出现），则发生连锁反应，后面的骨牌相继被碰倒（相继发生）。这就是著名的海因里希多米诺骨牌理论。

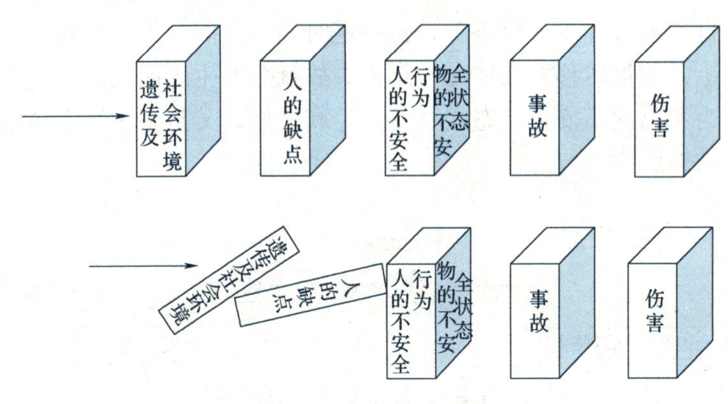

海因里希事故因果连锁理论示意图

（2）能量意外释放理论

1961年吉布森（Gibson）、1966年哈登（Haddon）等人提出了能量意外释放论，认为事故是一种不希望或不正常的能量释放，各种形式的能量构成事故的直接原因。

该理论阐明了伤害事故发生的物理本质，指明了防止伤害事故就是防止能量意外释放，防止能量接触人体。根据这种

理论，人们应经常注意生产过程中能量的流动、转换，以及不同形式的能量的相互作用，防止发生能量的意外释放。在生产过程中，经常采用的防止能量意外释放的方法有以下几种：用较安全的能源代替危险大的能源，限制能量，降低能量释放速度，防止能量蓄积，开辟能量异常释放渠道，设置屏障，从时间和空间上将人与能量隔离，设置警告信息等。

（3）轨迹交叉论

轨迹交叉论的基本思想是：伤害事故是许多相互联系的事件顺序发展的结果。这些事件概括起来不外乎人和物（包括环境）两大发展系列。当人的不安全行为和物的不安全状态在各自发展过程中（轨迹），在一定时间、空间发生了接触（交叉），能量转移至人体时，伤害事故就会发生。而人的不安全行为和物的不安全状态之所以产生和发展，又是多种因素作用的结果。

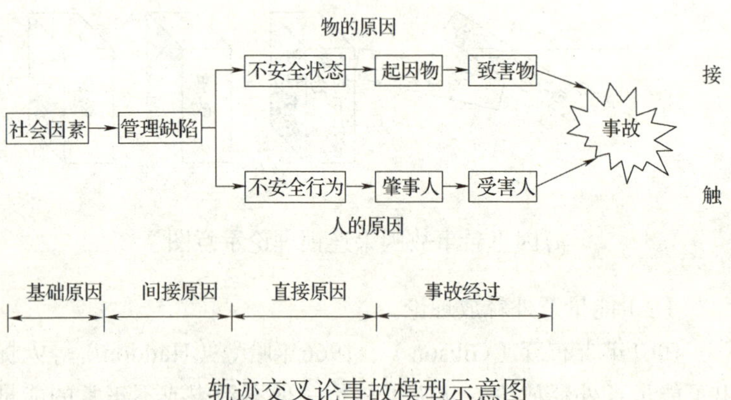

轨迹交叉论事故模型示意图

[相关链接]

现代安全生产管理中比较倾向于系统安全管理理论，它包括很多区别于传统安全理论的创新概念：

（1）系统性

在事故致因理论方面，改变了人们只注重操作人员的不安全行为，而忽略硬件故障在事故致因中作用的传统观念，开始考虑如何通过改善物的系统可靠性来提高复杂系统的安全性，从而避免事故。

（2）相对性

没有任何一种事物是绝对安全的，任何事物中都潜伏着危险因素。通常所说的安全或危险只不过是一种主观的判断。

（3）可操作性

不可能根除一切危险源，但可以减少现有危险源的危险性。要减少总的危险性而不是只消除几种选定的风险。

（4）发展性

由于人的认识能力有限，有时不能完全认识危险源及其风险，即使认识了现有的危险源，随着生产技术的发展，新技术、新工艺、新材料和新能源的出现，又会产生新的危险源。安全生产工作的目标就是控制危险源，努力把事故的发生概率降到最低，即使万一发生事故，也可以把伤害和损失控制在较轻的程度上。

5. 我国的安全生产工作方针和原则是什么？

（1）安全生产工作方针

《安全生产法》在总结安全生产管理经验的基础上，坚持以科学发展观为指导，从经济和社会发展的全局出发，不断深

化对安全生产规律的认识，将“安全第一、预防为主、综合治理”规定为我国安全生产工作的基本方针。2011年10月1日，国务院办公厅下发了《关于印发安全生产“十二五”规划的通知》（国办发[2011]47号），通知中明确指出：党中央、国务院高度重视安全生产，确立了安全发展理念和“安全第一、预防为主、综合治理”的方针，采取一系列重大举措加强安全生产工作。

（2）安全生产工作的指导思想

我国安全生产工作的指导思想是：以邓小平理论和“三个代表”重要思想为指导，深入贯彻落实科学发展观，围绕科学发展的主题和加快转变经济发展方式的主线，牢固树立以人为本、安全发展的理念，坚持“安全第一、预防为主、综合治理”的方针，深化安全生产“三项行动”（集中开展“隐患治理年”“安全生产年”活动，大力推进安全生产执法、治理和宣传教育行动）、“三项建设”（切实加强安全生产法制体制机制、安全保障能力和安全监管监察队伍建设），以强化企业安全生产主体责任为重点，以事故预防为主攻方向，以规范生产为重要保障，以科技进步为重要支撑，加强基础建设，加强责任落实，加强依法监管，全面推进安全生

产各项工作，继续降低事故总量和伤亡人数，减少职业危害，有效防范和遏制重特大事故，促进安全生产状况持续稳定好转，为经济社会全面、协调、可持续发展提供重要保障。

（3）安全生产工作基本原则

我国安全生产工作的基本原则是：统筹兼顾，协调发展。正确处理安全生产与经济发展、安全生产与速度、质量、效益的关系，坚持把安全生产放在首要位置，纳入社会管理创新的重要内容，实现区域、行业（领域）的科学、安全、可持续发展。

1）强化法治，综合治理。完善安全生产法律、法规和标准规范体系，严格安全生产执法，强化制度约束，把安全生产工作纳入依法、规范、有序、高效开展的轨道，真正做到依法准入、依法生产、依法监管。

2）突出预防，落实责任。坚持关口前移、重心下移，夯实筑牢安全生产基层基础防线，从源头上防范和遏制事故。全面落实企业主体责任，强化政府及部门监管责任和属地管理责任，加强全员、全方位、全过程的精细化管理，坚决守住安全生产这条红线。

3）依靠科技，创新机制。坚持科技兴安，充分发挥科技支撑和引领作用，加快安全科技研发与成果应用，建立企业、政府、社会多元化投入机制，加强安全监管、监察能力建设，创新监管、监察方式，提升安全保障能力。

[相关链接]

“安全第一”就是在生产经营过程中，在处理生产和安全这两个方面问题时，要始终把安全放在首要的位置，坚持最优先考虑人的生命安全。

“预防为主”就是按照系统工程理论，按照事故发展的规律和特点，预防事故的发生，做到防患于未然，将事故消灭在萌芽状态。

“综合治理”就是要标本兼治，重在治本，采取各种管理手段预防事故发生。实现治标的同时，研究治本的方法，综合运用科技手段、法律规定、经济手段和行政干预，从各个方面着手解决影响安全生产的深层次问题，做到思想上、制度上、技术上、监督检查上、事故处理上和应急救援上的综合管理。

[法律提示]

《安全生产法》第一章总则第三条明确规定：“安全生产工作应当以人为本，坚持安全发展，坚持安全第一、预防为主、综合治理的方针，强化和落实生产经营单位的主体责任，建立生产经营单位负责、职工参与、政府监管、行业自律和社会监督的机制。”

我国安全生产管理体制与法制

6. 我国现行的安全生产管理体制是什么?

目前我国安全生产监督管理的体制是：综合监管与行业监管相结合、国家监察与地方监管相结合、政府监督与其他监督相结合。国务院安全生产监督管理部门依照《安全生产法》，对全国安全生产工作实施综合监督管理；县级以上地方各级人民政府安全生产监督管理部门依照《安全生产法》，对本行政区域内安全生产工作实施综合监督管理。

国务院有关部门依照《安全生产法》和其他有关法律、行政法规的规定，在各自的职责范围内对有关行业、领域的安全生产工作实施监督管理；县级以上地方各级人民政府有关部门依照《安全生产法》和其他有关法律、法规的规定，在各自的职责范围内对有关行业、领域的安全生产工作实施监督管理。

安全生产监督管理部门和对有关行业、领域的安全生产工作实施监督管理的部门，统称负有安全生产监督管理职责的部门。

我国的安全生产管理体制具体表现在：

（1）县级以上地方各级人民政府的监督管理；

（2）负有安全生产监督管理职责的部门的监督管理；

（3）监察机关的监督；

（4）工会、基层群众性组织的监督；

（5）新闻媒体的监督；

（6）社会公众的监督；

（7）有关协会组织依照法律、行政法规和章程，为生产经营单位提供安全生产方面的信息、培训等服务，发挥自律作用，促进生产经营单位加强安全生产管理。

[相关链接]

安全生产监督、监察的基本特征是：权威性；强制性；普遍约束性。

我国安全生产监督管理的基本原则主要是：

（1）坚持“有法必依、执法必严、违法必究”的原则；

（2）坚持以事实为依据，以法律为准绳的原则；

（3）坚持预防为主的原则；

（4）坚持行为监察与技术监察相结合的原则；

（5）坚持监察与服务相结合的原则；

（6）坚持教育与惩罚相结合的原则。

7. 安全生产法规分哪几大类?

安全生产法规，从内容上划分主要有以下三类：

（1）安全生产管理法规

安全生产管理法规是指国家为做好安全生产工作，加强劳动保护，保障职工安全健康所制定的管理规范。这里主要是指规定领导和管理原则、管理制度的规范。从广义上讲，国家立法、监察、监督检查和教育也属管理范畴。

（2）安全技术法规

国家为了消除或控制生产过程中的危险因素，防止发生人身伤亡事故所制定的技术性与组织性法规，统称为安全技术法规。它以“规定”“规则”“标准”的形式出现，大多是单项规定。

（3）职业卫生法规

职业卫生法规，是指国家为了改善劳动条件，保护职工在劳动过程中的健康，预防和消除职业性中毒等职业病而制定的种种法律规范。这里既包括劳动卫生工程技术措施，也包括预防医学保健措施等方面的规定。其主要内容包括工矿企业设计、建设的劳动卫生规定，防止粉尘危害，防止有毒物质的危害，防止物理性危害因素的危害，劳动卫生及个体防护和劳动卫生辅助设施相关规定等。

[相关链接]

安全技术法规规定的主要内容大体可分为如下方面：工矿企业设计、建设的安全技术；机器设备的安全装置；特种设备的安全措施；防火、防爆安全规则；锅炉压力容器安全技术；工作环境的安全条件；劳动者的个体防护等。某些行业还有一些特殊的安全技术问题，如矿山，特别是煤矿，突出的问题是预防井下开采中水、火、瓦斯、煤尘和冒顶片帮五大灾害的安全技术措施；化工企业主要是解决防火、防爆、防毒、防腐蚀的安全技术问题；建筑安装工程则主要是解决立体高空作业中的高空坠落、物体打击，以及土石方工程和拆除工程等方面的安全技术问题。对于这些，国家有关部门都制定了专门的安全

技术法规。

8. 我国安全生产法规体系总体形式是什么样的?

目前，我国的安全生产法律、法规已初步形成一个以宪法为依据，以《安全生产法》为主体，由有关法律、行政法规、地方法规和行政规章、技术标准所组成的综合体系。

（1）宪法

《中华人民共和国宪法》是国家法律体系的基础和核心，具有最高法律效力，是其他法律的立法依据和基础。宪法是安全生产法律体系框架中的最高层次。我国《宪法》规定："国家通过各种途径，创造劳动就业条件，加强劳动保护，改善劳动条件，并在发展生产的基础上，提高劳动报酬和福利待遇。"这是对安全生产方面最高法律效力的规定。

（2）安全生产法律

法律是指全国人民代表大会及其常务委员会按照法定程序制定的规范性文件，其法律地位和效力仅次于宪法，是行政法规、地方法规、行政规章的立法依据和基础。国家现行的有关安全生产的法律分为：基础法，如《安全生产法》是综合规范安全生产法律制度的法律，它适用于所有生产经营单位，是我国安全生产法律体系的核心。专门法律，专门安全生产法律是规范某一专业领域安全生产法律制度的法律，如《建筑法》《消防法》《交通安全法》等。相关法律，与安全生产相关的法律是指安全生产专门法律之外的其他涵盖有安全生产内容的法律，如《劳动法》《劳动合同法》等。

（3）安全生产法规

安全生产法规分为行政法规和地方性法规。安全生产行政法规是国务院组织制定并批准公布的，是为了实施安全生产法律或规范安全生产监督管理制度而制定并颁布的一系列具体规定，是实施安全生产监督管理和监察工作的重要依据。如《国务院关于特大安全生产事故行政责任追究的规定》《安全生产许可证条例》《生产安全事故报告和调查处理条例》《工伤保险条例》《建设工程安全生产管理条例》和《特种设备安全监察条例》等。地方性安全生产法规是指由有立法权的地方权力机关人民代表大会及其常务委员会和地方政府制定的安全生产规范性文件，是由法律授权制定的对国家安全生产法律法规的补充和完善，具有较强的针对性和可操作性。如《北京市安全生产条例》《天津市安全生产条例》和《浙江省安全生产条例》等。

（4）安全生产规章

安全生产规章分为部门安全生产规章和地方政府安全生产规章，是安全生产法律、法规的重要补充。部门安全生产规章是指国务院有关部门依照安全生产法律、行政法规的规定或者国务院的授权制定发布的。安全生产规章的法律地位和法律效力低于法律、行政法规、高于地方政府规章，如《建筑施工企业安全生产许可证管理规定》等。地方政府安全生产规章是最低层级的安全生产立法，其法律地位和法律效力低于其他上位法，不得与上位法相抵触，例如《北京市建设工程施工现场管理办法》等。

（5）安全生产标准

技术标准是指规定强制执行的产品特性或其相关工艺和生产方法的文件，以及规定适用于产品、工艺或生产方法的专门术语、符号、包装、标志或标签要求的文件。在我国技术标准由标准主管部门以标准、规范、规程等形式颁布，也属于法规范畴。技术标准分为国家标准（GB）、行业标准、地方标准（DB）、企业标准（QB）等4个等级。国家标准、行业标准分为强制性标准和推荐性标准。保障人体健康，人身、财产安全的标准和法律、行政法规规定强制执行的标准是强制性标准，其他标准是推荐性标准。

[法律提示]

2010年7月19日，国务院办公厅发布了《国务院关于进一步加强企业安全生产工作的通知》，通知第二条明确要求必须严格企业安全生产管理：

（1）进一步规范企业生产经营行为；

（2）及时排查治理安全隐患；

（3）强化生产过程管理的领导责任；

（4）强化职工安全培训；

（5）全面开展安全达标。

9.《安全生产法》基本内容有哪些？

最新修订的《安全生产法》共7章114条，具有丰富的内涵：

（1）总则

《安全生产法》的立法宗旨是“为了加强安全生产工作，防止和减少生产安全事故，保障人民群众生命和财产安全，促进经济社会持续健康发展”。

《安全生产法》的第二条规定了其调整范围：“在中华人民共和国领域内从事生产经营活动的单位（生产经营单位）的安全生产，适用本法；有关法律、行政法规对消防安全和道路交通安全、铁路交通安全、水上交通安全、民用航空安全以及核与辐射安全、特种设备安全另有规定的，适用其规定。”这就确定了《安全生产法》的安全生产基本法的地位，也说明了与其他相关法律、法规的关系。生产经营单位的含义，不仅包括国有企业、集体企业等企业类型，也包括个体工商户，这就体现了公平竞争的市场经济共同原则。《安全生产法》对生产经营单位的安全生产职责做出了明确规定，强调搞好安全生产工作的主体是生产经营单位，必须遵守本法和其他有关安全生产的法律、法规，加强安全生产管理，建立、健全安全生产责任制和安全生产规章制度，改善安全生产条件，推进安全生产标准化建设，提高安全生产水平，确保安全生产。生产经营单位的主要负责人对本单位的安全生产工作全面负责。

（2）生产经营单位的安全生产保障

《安全生产法》用了31条款重点对生产经营单位的安全保障做出了基本规定：明确了主要负责人的安全生产责任；明确规定生产经营单位应当具备的安全生产条件所必需的资金投入问题；对安全生产管理机构和安全生产管理人员及其职责做出了明确的规定；有关职工安全培训以及有关人员资质认证问题；建设项目安全设施和矿山等建设项目的安全评价以及安全设备的管理；重大危险源的安全管理；生产安全事故隐患排查

治理制度的规定；安全生产检查和劳动防护用品配备方面的规定；生产经营项目、场所发包或者出租等的安全生产管理和生产经营单位在事故抢险和报告应负有的责任等方面的内容。

（3）从业人员的权利和义务

明确了从业人员的安全生产保障的8项权利，同时规定了从业人员的几种义务。《安全生产法》特别强调工会依法组织职工参加本单位安全生产工作的民主管理和民主监督，维护职工在安全生产方面的合法权益，并在第五十七条中做了明确规定：工会对生产经营单位违反安全生产法律、法规，侵犯从业人员合法权益的行为，有权要求纠正；发现生产经营单位违章指挥、强令冒险作业或者发现事故隐患时，有权提出解决的建议，生产经营单位应当及时研究答复；发现危及从业人员生命安全的情况时，有权向生产经营单位建议组织从业人员撤离危险场所，生产经营单位必须立即做出处理。工会有权依法参加事故调查，向有关部门提出处理意见，并要求追究有关人员的责任。

（4）安全生产的监督管理

共16条，规定了政府及有关部门的安全生产监督管理职责，也明确了社会公众以及新闻机构的监督职能。主要内容有：任何单位或者个人对事故隐患或者安全生产违法行为，均有权向负有安全生产监督管理职责的部门报告或者举报。

居民委员会、村民委员会发现其所在区域内的生产经营单位存在事故隐患或者安全生产违法行为时，应当向当地人民政府或者有关部门报告。县级以上各级人民政府及其有关部门对报告重大事故隐患或者举报安全生产违法行为的有功人员，给予奖励。具体奖励办法由国务院安全生产监督管理部门会同国务院财政部门制定。

新闻、出版、广播、电影、电视等单位有进行安全生产公益宣传教育的义务，有对违反安全生产法律、法规的行为进行舆论监督的权利。

（5）生产安全事故的应急救援与调查处理

共11条，对事故应急救援预案管理、应急救援体系的建立，以及对事故的报告和调查处理做了相应规定。并且规定：县级以上地方各级人民政府安全生产监督管理部门应当定期统计分析本行政区域内发生生产安全事故的情况，并定期向社会公布。

（6）法律责任

共24条，对违反法律法规的行为做出了明确的处罚规定，对象包括政府、生产监督管理部门以及生产经营单位等。

（7）附则

对危险物品和重大危险源的含义以及事故分类做了进一步解释。

[相关链接]

新修订的《安全生产法》从强化安全生产工作的摆位、进一步落实生产经营单位主体责任，政府安全监管定位和加强基层执法力量、强化安全生产责任追究等四方面入手，着眼于安全生产现实问题和发展要求，补充完善了相关法律制度规定，主要有以下10个方面的特点：

（1）坚持以人为本，推进安全发展

新法提出安全生产工作应当以人为本，充分体现了习近平总书记等中央领导同志关于安全生产工作一系列重要指示精神，在坚守发展决不能以牺牲人的生命为代价这条红线，牢固树立以人为本、生命至上的理念，正确处理重大险情和事故应

急救援中“保财产”还是“保人命”问题等方面，具有重大现实意义。为强化安全生产工作的重要地位，明确安全生产在国民经济和社会发展中的重要地位，推进安全生产形势持续稳定好转，新法将坚持安全发展写入了总则。

（2）建立完善安全生产方针和工作机制

新法确立了“安全第一、预防为主、综合治理”的安全生产工作“十二字方针”，明确了安全生产的重要地位、主体任务和实现安全生产的根本途径。“安全第一”要求从事生产经营活动必须把安全放在首位，不能以牺牲人的生命、健康为代价换取发展和效益。“预防为主”要求把安全生产工作的重心放在预防上，强化隐患排查治理，“打非治违”，从源头上控制、预防和减少生产安全事故。“综合治理”要求运用行政、经济、法治、科技等多种手段，充分发挥社会、职工、舆论监督各个方面的作用，抓好安全生产工作。坚持“十二字方针”，总结实践经验，新法明确要求建立生产经营单位负责、职工参与、政府监管、行业自律、社会监督的机制，进一步明确各方安全生产职责。

（3）强化“三个必须”，明确安全监管部门执法地位

按照“三个必须”（管行业必须管安全、管业务必须管安全、管生产经营必须管安全）的要求，一是新法规定国务院和县级以上地方人民政府应当建立、健全安全生产工作协调机制，及时协调、解决安全生产监督管理中存在的重大问题。二是新法明确国务院和县级以上地方人民政府安全生产监督管理部门实施综合监督管理，有关部门在各自职责范围内对有关行业、领域的安全生产工作实施监督管理，并将其统称为负有安全生产监督管理职责的部门。三是新法明确各级安全生产监督管理部门和其他负有安全生产监督管理职责的部门作为执法部

门，依法开展安全生产行政执法工作，对生产经营单位执行法律、法规、国家标准或者行业标准的情况进行监督检查。

（4）明确乡镇人民政府以及街道办事处、开发区管理机构安全生产职责

乡镇街道是安全生产工作的重要基础，有必要在立法层面明确其安全生产职责，同时，针对各地经济技术开发区、工业园区的安全监管体制不顺、监管人员配备不足、事故隐患集中、事故多发等突出问题，新法明确：乡、镇人民政府以及街道办事处、开发区管理机构等地方人民政府的派出机关应当按照职责，加强对本行政区域内生产经营单位安全生产状况的监督检查，协助上级人民政府有关部门依法履行安全生产监督管理职责。

（5）进一步明确生产经营单位的安全生产主体责任

做好安全生产工作，落实生产经营单位主体责任是根本。新法把明确安全责任、发挥生产经营单位安全生产管理机构和安全生产管理人员作用作为一项重要内容，做出3个方面的重要规定：一是明确委托规定的机构提供安全生产技术、管理服务的，保证安全生产的责任仍然由本单位负责；二是明确生产经营单位的安全生产责任制的内容，规定生产经营单位应当建立相应的机制，加强对安全生产责任制落实情况的监督考核；三是明确生产经营单位的安全生产管理机构以及安全生产管理人员履行的七项职责。

（6）建立预防安全生产事故的制度

新法把加强事前预防、强化隐患排查治理作为一项重要内容：一是生产经营单位必须建立生产安全事故隐患排查治理制度，采取技术、管理措施及时发现并消除事故隐患，并向从业人员通报隐患排查治理情况的制度。二是政府有关部门要建

立、健全重大事故隐患治理督办制度，督促生产经营单位消除重大事故隐患。三是对未建立隐患排查治理制度、未采取有效措施消除事故隐患的行为，设定了严格的行政处罚。四是赋予负有安全监管职责的部门对拒不执行执法决定、有发生生产安全事故现实危险的生产经营单位依法采取停电、停供民用爆炸物品等措施，强制生产经营单位履行决定的权力。

（7）建立安全生产标准化制度

安全生产标准化是在传统的安全质量标准化基础上，根据当前安全生产工作的要求、企业生产工艺特点，借鉴国外现代先进的安全管理思想，形成的一套系统的、规范的、科学的安全管理体系。2010年《国务院关于进一步加强企业安全生产工作的通知》（国发[2010]23号）、2011年《国务院关于坚持科学发展安全发展促进安全生产形势持续稳定好转的意见》（国发[2011]40号）均对安全生产标准化工作提出了明确的要求。结合多年的实践经验，新法在总则部分明确提出推进安全生产标准化工作，这必将对强化安全生产基础建设，促进企业安全生产水平持续提升产生重大而深远的影响。

（8）推行注册安全工程师制度

为解决中小企业安全生产“无人管、不会管”问题，促进安全生产管理队伍朝着专业化、职业化方向发展。新法确立了注册安全工程师制度，并从两个方面加以推进：一是危险物品的生产、储存单位以及矿山、金属冶炼单位应当有注册安全工程师从事安全生产管理工作，鼓励其他生产经营单位聘用注册安全工程师从事安全生产管理工作。二是建立注册安全工程师按专业分类管理制度，授权国务院有关部门制定具体实施办法。

（9）推进安全生产责任保险制度

新法总结了近年来的试点经验，通过引入保险机制，促进安全生产，规定国家鼓励生产经营单位投保安全生产责任保险。安全生产责任保险具有其他保险所不具备的特殊功能和优势，一是增加事故救援费用和第三人（事故单位从业人员以外的事故受害人）赔付的资金来源，有助于减轻政府负担，维护社会稳定。二是有利于现行安全生产经济政策的完善和发展。

（10）加大对安全生产违法行为的责任追究力度

一是规定了事故行政处罚和终身行业禁入。第一，将行政法规的规定上升为法律条文，按照两个责任主体、四个事故等级，设立了对生产经营单位及其主要负责人的8项罚款处罚规定。第二，大幅提高对事故责任单位的罚款金额。第三，进一步明确主要负责人对重大、特别重大事故负有责任的，终身不得担任本行业生产经营单位的主要负责人。

二是加大罚款处罚力度。结合各地区经济发展水平、企业规模等实际，新法维持罚款下限基本不变、将罚款上限提高了2倍至5倍，并且大多数罚则不再将限期整改作为前置条件，反映了“打非治违”“重典治乱”的现实需要，强化了对安全生产违法行为的震慑力，也有利于降低执法成本、提高执法效能。

三是建立了严重违法行为公告和通报制度。要求负有安全生产监督管理职责的部门建立安全生产违法行为信息库，如实记录生产经营单位的安全生产违法行为信息；对违法行为情节严重的生产经营单位，应当向社会公告，并通报行业主管部门、投资主管部门、国土资源主管部门、证券监督管理部门和有关金融机构。

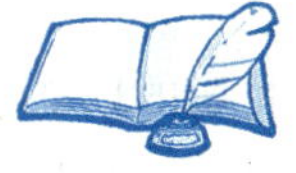

[法律提示]

2002年6月29日，第九届全国人民代表大会常务委员会第二十八次会议审议并通过了《安全生产法》，即日起公布，自2002年11月1日起实施。根据2014年8月31日第十二届全国人民代表大会常务委员会第十次会议通过关于修改《中华人民共和国安全生产法》的决定，新《安全生产法》自2014年12月1日起施行。《安全生产法》是全面规范我国安全生产工作的一部综合性大法。

10. 《职业病防治法》基本内容有哪些？

最新修订的《职业病防治法》共7章90条，主要包括第一章总则、第二章前期预防、第三章劳动过程中的防护与管理、第四章职业病诊断与职业病病人保障、第五章监督检查、第六章法律责任和第七章附则。以下为部分重要内容：

（1）关于劳动者应当享受的权利

《职业病防治法》规定的劳动者应当享受的权利有：接受职业卫生教育、培训的权利；获得职业健康检查、职业病诊疗、康复等职业病防治服务的权利；了解工作场所产生或者可能产生的职业病危害因素、危害后果和应当采取的职业病防护措施的权利；要求用人单位提供符合防治职业病要求的职业病防护设施和防止职业病的防护用品，改善工作条件的权利；对违反职业病防治法律、法规以

及危害生命健康的行为提出批评、检举和控告的权利；拒绝违章指挥和强令没有防护措施进行作业的权利；参与用人单位职业卫生工作的民主管理，对职业病防治工作提出意见和建议的权利。

（2）用人单位的义务

劳动者应当享受的合法权利，也是用人单位应当履行的法定义务。《职业病防治法》对此作了明确规定：健康保障义务，职业卫生管理义务，参加工伤保险的义务，职业危害报告义务，卫生防护义务，减少危害义务，职业危害监测义务，不转移危害的义务，职业危害告知义务，培训教育义务，健康监护义务，事故处理义务，对特殊劳动者的保护义务，举证义务，接受监督管理的义务，法律、法规规定的其他保障劳动者健康权利的义务。

（3）人民政府及其相关部门的责任

人民政府及其相关部门的职责和权力如下：监督管理职责，制定规划的职责，宣传教育的职责，制定标准的职责，监督检查的职责，采取临时控制事故措施的职责，严格遵守执法规范的职责，建立职业病危害项目申报制度并监督执行的职责，建立建设单位职业病危害预评价、建设项目职业病危害防护设施设计审查和竣工验收制度的职责，对职业卫生技术服务机构资质认证的职责，对从事放射、高毒等作业实行特殊管理的职责，建立发现职业病病人或者疑似职业病病人的报告和处理制度的职责，组织职业病诊断鉴定的职责。

[相关链接]

新的《职业病防治法》对执法主体及相关职责，政府与用人单位的责任等作了调整，具有以下特点：

（1）执法主体的调整

执法主体由原来的县级以上地方人民政府卫生行政部门调整为：县级以上地方人民政府安全生产监督管理部门、卫生行政部门、劳动保障行政部门，统称职业卫生监督管理部门，依据各自职责，负责本行政区域内职业病防治的监督管理工作，并明确职责如下：

1）安全生产监督管理部门：承担对用人单位工作场所监管以及违反法律、法规的单位及个人作出行政处罚；职业病危害项目申报；建设项目职业病危害分类管理办法的制定以及对建设项目职业病危害预评价审查、职业病防护措施设计审核、组织建设项目职业病防护设施竣工验收；对职业卫生技术服务机构以及建设项目职业病危害预评价、职业病危害控制效果评价的资质认可；对职业卫生技术服务机构进行日常监管；组织并会同相关部门对职业病危害事故进行调查处理；监督用人单位为劳动者申请职业病诊断、鉴定所需的职业史、职业病危害接触史、工作场所职业病危害因素检测结果等相关资料；对劳动者在申请职业病诊断、鉴定中对职业史、职业病的危害接触史及劳资关系等有异议时进行判定。

2）卫生行政部门：承担制定职业病的分类目录、职业卫生及职业病诊断标准，开展重点职业病监测专项调查和职业健康风险评估；对本行政区域职业病情况进行统计，调查分析以及职业病统计报告调查工作；职业健康检查机构及职业病诊断机构的认定；职业病危害事故的医疗救治；组织职业病诊断鉴定；对用人单位及医疗机构未按规定报告职业病、疑似职业病以及承担职业健康检查、职业病诊断鉴定机构的违法行为进行处罚；对医疗机构放射性职业病危害控制进行监督管理。

3）劳动保障行政部门：承担对用人单位与劳动者劳资关

系、工种、工作岗位的仲裁；会同卫生行政部门制定职业病伤残等级鉴定办法。

（2）强化了县级以上人民政府对职业病防治工作的职责

规定了县级以上地方人民政府统一负责、领导、组织、协调本行政区域的职业病防治工作，建立、健全职业病防治工作体制，统一领导、指挥职业卫生突发事件应对工作，加强职业病防治能力建设和服务体系建设，完善、落实职业病防治工作责任制。

（3）进一步明确了工会对职业病防治监管的职能

规定工会组织依法对职业病防治工作进行监督，维护劳动者的合法权益。用人单位制定或者修改有关职业病防治规章制度，应当听取工会组织的意见。工会组织有权依法代表劳动者与用人单位签订劳动安全卫生专项集体合同。

（4）强化了用人单位履行职业病防治法的职责

规定用人单位的主要负责人对本单位的职业病防治工作全面负责。建立完善用人单位负责、行政机关监管、行业自律、职业参与和社会监督的机制。

（5）进一步方便了劳动者申请职业病诊断与鉴定

明确了劳动者可在用人单位所在地、本人户籍所在地或者经常居住地，向依法承担职业病诊断机构申请进行职业病诊断；在职业病诊断、鉴定过程中，用人单位不提供工作场所职业病危害因素检测结果等相关资料的，诊断鉴定机构也可结合劳动者的临床表现、辅助检查结果和劳动者的职业史、职业病危害接触史，并参考劳动者的自述及安全生产监督管理部门提供的日常监督检查等信息做出职业病诊断鉴定结论；职业病诊断、鉴定机构需要了解工作场所职业病危害因素情况时，可以对工作场所进行现场调查，也可以向安全生产监督管理部门提

出，安全生产监督管理部门应当在10日内组织现场调查。

（6）被诊断为职业病患者，其医疗及生活更有保障

劳动者被诊断患有职业病，但用人单位没有参加工伤保险的，其医疗和生活保障由该用人单位承担。用人单位已经不存在或无法确认劳动关系的职业病人，可以向地方人民政府民政部门申请医疗救治和生活等方面的求助。

（7）建设项目职业病危害预评价及职业病危害严重项目职业病防护设施设计将得到相关部门的严格把关

新《职业病防治法》明确了该项目除安全生产监督部门负责监管、审批外，同时还规定了对未开展职业病危害预评价的建设项目给予批准以及对未经职业病防护设施设计审查发放施工许可的有关部门直接负责的主管人员和其他直接负责人员，将由监察机关或上级机关依法给予记过直至开除的处分。这样就促使相关企业能认真负责以对存在职业病危害的新建、改建、扩建的项目能按要求开展职业病危害预评价，属职业病危害严重的建设项目，能进行职业病防护设施设计审查。

（8）加大了对用人单位某些违法行为的处罚力度

对未成立职业病防治机构、未建立相关职业卫生制度、未公布有关职业卫生规章制度、操作规程及职业病危害事故应急救援措施的、检测结果未予公布、未组织劳动者进行职业卫生培训以及未按规定报送首次使用化学材料的毒性鉴定资料的，从原来处2万元以下罚款提高到10万元以下的罚款；对未申报职业病危害项目、无专人负责职业病危害因素日常检测以致不能正常开展检测工作、签订或变更劳动合同未告知职业病危害真实情况、未按规定组织劳动者进行职业健康检查、未建立健康档案或未将体检结果告知劳动者的，从原来处2万元以上5万元以下罚款提高到5万元以上10万元以下的罚款；对用人单位违

反本法规定已经对劳动者生命健康造成严重损害的，从原来处10万元以上30万元以下的罚款改为10万元以上50万元以下的罚款。

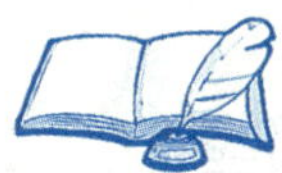

[法律提示]

2001年10月27日，第九届全国人民代表大会常务委员会第二十四次会议通过了《职业病防治法》，2001年10月27日中华人民共和国主席令第60号公布，自2002年5月1日起施行。2011年12月31日，《全国人民代表大会常务委员会关于修改〈中华人民共和国职业病防治法〉的决定》已由中华人民共和国第十一届全国人民代表大会常务委员会第二十四次会议通过，中华人民共和国主席令第52号予以公布，自公布之日起施行。《职业病防治法》是全面预防、控制和消除职业病危害，防治职业病，保护劳动者健康及其相关权益的一部综合性大法。

安全生产监督与监察

11. 安全生产监督管理人员的职责有哪些?

安全生产监督管理人员的职责主要有以下几个方面:

（1）宣传安全生产法律、法规和国家有关方针、政策;

（2）监督检查生产经营单位执行安全生产法律、法规和标准的情况;

（3）严格履行有关行政许可的审查工作;

（4）依法处理安全生产违法行为，实施行政处罚;

（5）正确处理事故隐患，防止事故发生;

（6）依法处理不符合法律、法规和标准的有关设施、设备、器材;

（7）接受行政监察机关的监督;

（8）及时报告事故;

（9）参加安全生产事故应急救援与事故调查处理;

（10）忠于职守，坚持原则，秉公执法。

[相关链接]

我国很多部门履行对安全生产的监督管理职责，为此，《安全生产法》统一规定为负有安全生产监督管理职责的部门，包括安全生产监督管理部门和其他领域主管部门。为了充分发挥负有安全生产监督管理职责的部门的作用，保证其严格、规范地依法履行监督管理职责，《安全生产法》作了详细的规定。

12. 安全生产监督管理的方式有哪些?

（1）事前的监督管理

事前的监督管理主要体现为有关安全生产许可事项的审批，包括安全生产许可证、经营许可证、矿长资格证、生产经营单位主要负责人安全资格证、安全管理人员安全资格证、特种作业人员操作资格证等。

（2）事中的监督管理

事中的监督管理分为行为监察和技术监察两个方面。

（3）事后的监督管理

事后的监督管理包括安全生产事故发生后的应急救援，以及调查处理，查明事故原因，严肃处理有关责任人，提出防范措施。

负有安全生产监督管理职责的部门依法对存在重大事故隐患的生产经营单位做出停产停业、停止施工、停止使用相关设施或者设备的决定，生产经营单位应当依法执行，及时消除事故隐患。生产经营单位拒不执行，有发生生产安全事故的现实危险的，在保证安全的前提下，经本部门主要负责人批准，负有安全生产监督管理职责的部门可以采取通知有关单位停止供

电、停止供应民用爆炸物品等措施，强制生产经营单位履行决定。通知应当采用书面形式，有关单位应当予以配合。

[相关链接]

安全监察是为了督促用人单位按照安全生产法律、法规和标准从事生产经营活动。安全生产监察程序是指监督检查活动的步骤和顺序，一般包括：监察准备；调查用人单位执行安全生产法律、法规及标准的情况；调查作业现场；提出意见或建议；发出《安全生产监察指令书》或《安全生产处罚决定书》。

13. 法律、法规确定有哪些安全生产监督管理内容?

我国法律、法规确定了安全生产监督管理的内容，主要包括以下几个方面：

（1）安全管理和技术的监督管理；

（2）机构和安全教育培训的监督管理；

（3）隐患排查与治理方面的监督管理；

（4）伤亡事故和事故应急救援方面的监督管理；

（5）职业危害的监督管理；

（6）对女职工和未成年工特殊保护方面的监督管理；

（7）行政许可方面的监督管理。

负有安全生产监督管理职责的部门应当建立举报制度，公开举报电话、信箱或者电子邮件地址，受理有关安全生产的举报；受理的举报事项经调查核实后，应当形成书面材料；需要落实整改措施的，报经有关负责人签字并督促落实。

[相关链接]

行政许可方面的监督管理包括：对涉及有关安全生产的事项需要审查批准的，是否严格依照规定的安全生产条件和程序进行审查并加强监督检查。

14. 安全生产监察的方式有哪些？

安全生产监察的方式主要包括两个方面：

（1）行为监察

行为监察的内容主要有监督检查用人单位安全生产的组织管理、规章制度建设、职工教育培训、各级安全生产责任制的落实等工作。其目的和作用在于提高用人单位各级管理人员和普通职工的安全意识，落实安全措施，对违章操作、违反劳动纪律等不安全行为，严肃纠正和处理。

（2）技术监察

技术监察是对物质条件的监督检查，包括对新建、扩建、改建和技术改造工程项目的“三同时”监察；对用人单位现有防护措施与设施完好率、使用率的监察；对个人防护用品的质量、配备与作用的监察；对危险性较大的设备、危害性较严重的作业场所和特殊工种作业的监察等。其特点是专业性强，技术要求高。技术监察多从设备的本质安全入手。

[相关链接]

安全生产监察的方式有一般监察和专门监察，每种监察中都包括行为监察和技术监察。

15. 我国煤矿安全监察体制是怎样的？

我国的煤矿安全监察实行垂直管理、分级监察的管理体制。煤矿安全监察机关是负责煤矿安全监察工作的行政执法机构，依法对地方各级人民政府和煤矿履行国家监察职责。

我国煤矿安全监察具体的机构设置是：国家安全生产监督管理总局下设国家煤矿安全监察局，国家煤矿安全监察局下设25个省（自治区、直辖市）煤矿安全监察局和两个安全监察分局。设在地方的煤矿安全监察局由国家安全生产监督管理总局领导，国家煤矿安全监察局负责业务管理。

省（自治区、直辖市）煤矿安全监察局可在大中型矿区设立安全监察分局，作为其派出机构。

[相关链接]

我国煤矿安全监察体制有三大主要特点：

（1）加强执法监督，由国家对煤矿安全实行监察；

（2）实行政企分开，按精简、统一、效能原则，改革现行煤矿安全监察体制；

（3）把安全管理和安全监察分开，实行垂直管理。

16. 国家煤矿安全监察局的主要职责是什么？

（1）研究煤矿安全生产工作的方针、政策，参与起草有关煤矿安全生产的法律、法规，拟定煤矿安全生产规章、规程和安全标准，提出煤矿安全生产规划和目标；

（2）按照国家监察、地方监管、企业负责的原则，依法行使国家煤矿安全监察职权；

（3）组织或参与煤矿重大、特大和特别重大事故调查处理，负责全国煤矿事故与职业危害的统计分析，发布全国煤矿安全生产信息；

（4）指导煤矿安全生产科研工作，组织对煤矿使用的设备、材料、仪器仪表的安全监察工作；

（5）负责煤矿安全生产许可证的颁发管理和矿长安全资格、煤矿特种作业人员（含煤矿矿井使用的特种设备作业人员）的培训发证工作；

（6）组织煤矿建设工程安全设施的设计审查和竣工验收，对不符合安全生产标准的煤矿企业进行查处；

（7）检查指导地方煤矿安全监督管理工作，对地方煤矿贯彻落实煤矿安全生产法律、法规、标准，关闭不具备安全生产条件的矿井，煤矿安全监督检查执法，煤矿安全生产专项整

治，事故隐患整改及复查，煤矿事故责任人的责任追究落实等情况进行监督检查，并向有关地方人民政府及其有关部门提出意见和建议；

（8）组织、指导和协调煤矿应急救援工作；

（9）承办国务院、国务院安全生产委员会及国家安全生产监督管理总局交付的其他事项。

[相关链接]

煤矿安全监察员是国家公务员，履行国家煤矿安全监察职责，具有明确的法律地位，受法律保护和约束。每个煤矿安全监察员都必须符合《煤矿安全监察条例》规定的条件，按法定程序并经考试考核录用。煤矿安全监察员必须公道、正派，熟悉煤矿安全法律、法规和规章，具有相应的专业知识和相关的工作经验，并且依法赋予其相应职责和权力。

17. 特种设备安全生产监察的体制是什么？

特种设备安全工作应当坚持安全第一、预防为主、节能环保、综合治理的原则，国家对特种设备的生产、经营、使用，实施分类的、全过程的安全监督管理。国务院负责特种设备安全监督管理的部门对全国特种设备安全实施监督管理，县级以上地方各级人民政府负责特种设备安全监督管理的部门对本行政区域内特种设备安全实施监督管理。目前，我国安全生产监督管理实行的是综合监督管理与专项安全监察相结合的工作体制，国家对特种设备实行专项安全监察体制。国务院、省（自治区、直辖市）、市（地）以及经济发达县的质检部门设立特种设备安全监察机构。

《特种设备安全法》规定：特种设备的生产（包括设计、

制造、安装、改造、修理）、经营、使用、检验、检测和特种设备安全的监督管理，国家对特种设备实行目录管理。特种设备目录由国务院负责特种设备安全监督管理的部门制定，报国务院批准后执行。

特种设备生产、经营、使用单位应当遵守本法和其他有关法律、法规，建立、健全特种设备安全和节能责任制度，加强特种设备安全和节能管理，确保特种设备生产、经营、使用安全，符合节能要求。特种设备生产、经营、使用、检验、检测应当遵守有关特种设备安全技术规范及相关标准。特种设备安全技术规范由国务院负责特种设备安全监督管理的部门制定。

国家在特种设备安全监督管理部门内设立特种设备安全监察局，各省（自治区、直辖市）在特种设备安全监督管理部门内设有特种设备安全监察处，各地市设安全监察科，工业发达的县或县级市设安全股。各地建立压力容器检验所和特种设备检验所。

[相关链接]

特种设备是指对人身和财产安全有较大危险性的锅炉、压力容器（含气瓶）、压力管道、电梯、起重机械、客运索道、大型游乐设施、场（厂）内专用机动车辆，以及法律、行政法规规定适用本法的其他特种设备。特种设备的安全使用，事关人民群众的生命与财产安全，事关社会稳定的大局。

我国对特种设备实行安全监察制度，它具有强制性、体系性及责任追究性的特点，主要包括特种设备安全监察管理体制、行政许可、监督检查、事故处理和责任追究等内容。

[法律提示]

《中华人民共和国特种设备安全法》由中华人民共和国第十二届全国人民代表大会常务委员会第三次会议于2013年6月29日通过，2013年6月29日中华人民共和国主席令第4号公布。《中华人民共和国特种设备安全法》分总则，生产、经营、使用，检验、检测，监督管理，事故应急救援与调查处理，法律责任，附则共7章101条，自2014年1月1日起施行。

特种设备安全法突出了特种设备生产、经营、使用单位的安全主体责任，明确规定：在生产环节，生产企业对特种设备的质量负责；在经营环节，销售和出租的特种设备必须符合安全要求，出租人负有对特种设备使用安全管理和维护保养的义务；在事故多发的使用环节，使用单位对特种设备使用安全负责，并负有对特种设备的报废义务，发生事故造成损害的依法承担赔偿责任。

18. 特种设备安全监督管理部门的主要职责有哪些?

依照《特种设备安全法》，特种设备安全监督管理部门的主要职责有：

（1）负责特种设备安全监督管理的部门依照本法规定，对特种设备生产、经营、使用单位和检验、检测机构实施监督检查。负责特种设备安全监督管理的部门应当对学校、幼儿园以及医院、车站、客运码头、商场、体育场馆、展览馆、公园等公众聚集场所的特种设备，实施重点安全监督检查。

（2）负责特种设备安全监督管理的部门实施本法规定的许可工作，应当依照本法和其他有关法律、行政法规规定的条件和程序以及安全技术规范的要求进行审查；不符合规定的，不得许可。

（3）负责特种设备安全监督管理的部门在办理本法规定的许可时，其受理、审查、许可的程序必须公开，并应当自受理申请之日起30日内，做出许可或者不予许可的决定；不予许可的，应当书面向申请人说明理由。

（4）负责特种设备安全监督管理的部门对依法办理使用登记的特种设备应当建立完整的监督管理档案和信息查询系统；对达到报废条件的特种设备，应当及时督促特种设备使用单位依法履行报废义务。

（5）负责特种设备安全监督管理的部门在依法履行职责过程中，发现违反特种设备安全法规定和安全技术规范要求的行为或者特种设备存在事故隐患时，应当以书面形式发出特种设备安全监察指令，责令有关单位及时采取措施予以改正或者消除事故隐患。紧急情况下要求有关单位采取紧急处置措施的，应当随后补发特种设备安全监察指令。

（6）负责特种设备安全监督管理的部门在依法履行职责过程中，发现重大违法行为或者特种设备存在严重事故隐患时，应当责令有关单位立即停止违法行为、采取措施消除事故隐患，并及时向上级负责特种设备安全监督管理的部门报告。接到报告的负责特种设备安全监督管理的部门应当采取必要措施，及时予以处理。对违法行为、严重事故隐患的处理需要当地人民政府和有关部门的支持、配合时，负责特种设备安全监督管理的部门应当报告当地人民政府，并通知其他有关部门。当地人民政府和其他有关部门应当采取必要措施，及时予以处理。

[法律提示]

《特种设备安全监察条例》是由国务院令第549号中公布的，条例由2009年1月14日国务院第四十六次常务会议签署，自2009年5月1日起实施。

19. 特种设备安全监察人员主要有哪些职责？

负责特种设备安全监督管理的部门在依法履行监督检查职责时，可以行使下列职权：

（1）进入现场进行检查，向特种设备生产、经营、使用单位和检验、检测机构的主要负责人和其他有关人员调查、了解有关情况。

（2）根据举报或者取得的涉嫌违法证据，查阅、复制特种设备生产、经营、使用单位和检验、检测机构的有关合同、发票、账簿以及其他有关资料。

（3）对有证据表明不符合安全技术规范要求或者存在严重事故隐患的特种设备实施查封、扣押。

（4）对流入市场的达到报废条件或者已经报废的特种设备实施查封、扣押。

（5）对违反特种设备安全法规定的行为作出行政处罚决定。

（6）负责特种设备安全监督管理的部门的安全监察人员应

当熟悉相关法律、法规，具有相应的专业知识和工作经验，取得特种设备安全行政执法证件。特种设备安全监察人员应当忠于职守、坚持原则、秉公执法。负责特种设备安全监督管理的部门实施安全监督检查时，应当有两名以上特种设备安全监察人员参加，并出示有效的特种设备安全行政执法证件。

（7）负责特种设备安全监督管理的部门及其工作人员不得推荐或者监制、监销特种设备；对履行职责过程中知悉的商业秘密负有保密义务。

[相关链接]

负责特种设备安全监督管理的部门对特种设备生产、经营、使用单位和检验、检测机构实施监督检查，应当对每次监督检查的内容、发现的问题及处理情况做出记录，并由参加监督检查的特种设备安全监察人员和被检查单位的有关负责人签字后归档。被检查单位的有关负责人拒绝签字的，特种设备安全监察人员应当将情况记录在案。

企业安全生产管理

20. 企业安全生产规章制度建设有什么重大意义？

安全生产规章制度建设的目的是防范生产、经营过程中的事故风险，保障从业人员安全和健康，加强安全生产管理。其意义主要体现在：

（1）建立、健全安全生产规章制度是生产经营单位的法定责任；

（2）建立、健全安全生产规章制度是生产经营单位安全生产的重要保障；

（3）建立、健全安全生产规章制度是生产经营单位保护从业人员安全与健康的重要手段。

[相关链接]

安全生产规章制度是指生产经营单位为了执行国家有关安全生产法律、法规、国家和行业标准，贯彻国家安全生产方针政策，制定的一系列安全生产行动指南或章程。

[法律提示]

《安全生产法》第四条规定："生产经营单位必须遵守本法和其他有关安全生产的法律、法规，加强安全生产管理，建立、健全安全生产责任制和安全生产规章制度，改善安全生产条件，推进安全生产标准化建设，提高安全生产水平，确保安全生产。"

《劳动法》第五十二条规定："用人单位必须建立、健全劳动安全卫生制度，严格执行国家劳动安全卫生规程和标准，对劳动者进行劳动安全卫生教育，防止劳动过程中的事故，减少职业危害。"

《突发事件应对法》第二十二条规定："所有单位应当建立、健全安全管理制度，定期检查本单位各项安全防范措施的落实情况，及时消除事故隐患。"

21. 企业安全生产规章制度建设的依据和原则有哪些？

企业安全生产规章制度建设的依据有：

（1）以安全生产法律、法规、国家和行业标准、地方政府的法规和标准为依据；

（2）以生产、经营过程的危险有害因素辨识和事故教训为依据；

（3）以国际、国内先进的安全管理方法为依据。

企业安全生产规章制度建设的原则主要有以下三个方面：

（1）主要负责人负责的原则；

（2）安全第一的原则；

（3）系统性原则。

[相关链接]

随着安全科学技术的迅猛发展，安全生产风险防范和控制的理论、方法不断完善，尤其是安全系统工程理论研究的不断深化，为生产经营单位的安全管理提供了丰富的工具，如职业安全健康管理体系、风险评估、安全性评价体系等，都为企业安全规章制度的建设提供了宝贵的参考资料。

[法律提示]

《安全生产法》规定：建立、健全本单位安全生产责任制；组织制定本单位安全生产规章制度和操作规程，是生产经营单位的主要负责人的职责。生产经营单位的安全生产责任制应当明确各岗位的责任人员、责任范围和考核标准等内容。生产经营单位应当建立相应的机制，加强对安全生产责任制落实情况的监督考核，保证安全生产责任制的落实。

22. 综合的安全生产管理制度主要包括哪些内容?

（1）安全生产管理目标、指标和总体原则；

（2）安全生产责任制度；

（3）安全生产管理定期例行工作制度；

（4）承包与发包工程安全生产管理制度；

（5）安全生产措施和费用管理制度；

（6）重大危险源管理制度；

（7）危险物品使用管理制度；

（8）隐患排查和治理制度；

（9）事故调查报告处理制度；

（10）消防安全管理制度；

（11）应急救援管理制度；

（12）安全生产奖惩制度。

[相关链接]

安全生产规章制度体系一般由综合安全生产管理、人员安全管理、设备设施安全管理、环境安全管理四类组成。其中，环境安全管理制度主要包括：安全生产标志管理制度；作业环境管理制度；工业卫生管理制度。

23. 从业人员安全生产管理制度应包括哪些内容?

（1）安全生产教育培训制度；

（2）个体防护用品发放、使用和管理制度；

（3）安全生产工器具的使用管理制度；

（4）特种作业及特殊作业管理制度；

（5）岗位安全生产规范；

（6）职业健康检查制度。

[相关链接]

设备设施安全管理制度主要包括：“三同时”制度；定期巡视检查制度；定期维护检修制度；定期检测、检验制度；安全操作规程。

24. 安全生产责任制的主要内容有哪些？

（1）生产经营单位主要负责人——安全生产第一责任者的职责；

（2）生产经营单位其他负责人的安全生产职责；

（3）生产经营单位职能管理机构负责人及其工作人员的安全生产职责；

（4）班组长的安全生产职责；

（5）岗位工人（从业人员）的安全生产职责。

[相关链接]

生产经营单位主要负责人——安全生产第一责任者的职责主要包括：

（1）建立、健全本单位安全生产责任制；

（2）组织制定本单位安全生产规章制度和操作规程；

（3）保证本单位安全生产投入的有效实施；

（4）督促、检查本单位的安全生产工作，及时消除生产安全事故隐患；

（5）组织制定并实施本单位的生产安全事故应急救援预案；

（6）及时、如实报告生产安全事故；

（7）组织制定并实施本单位安全生产教育和培训计划。

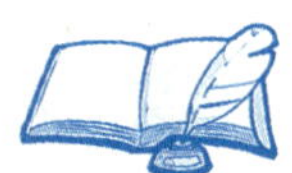

[法律提示]

《安全生产法》第四条明确规定："生产经营单位必须遵守本法和其他有关安全生产的法律、法规，加强安全生产管理，建立、健全安全生产责任制和安全生产规章制度，改善安全生产条件，推进安全生产标准化建设，提高安全生产水平，确保安全生产。"

第五条："生产经营单位的主要负责人对本单位的安全生产工作全面负责。"

25.《安全生产法》对安全生产管理机构设置和人员配备是如何要求的？

矿山、金属冶炼、建筑施工、道路运输单位和危险物品的生产、经营、储存单位，应当设置安全生产管理机构或者配备专职安全生产管理人员。

上述规定以外的其他生产经营单位，从业人员超过100人的，应当设置安全生产管理机构或者配备专职安全生产管理人员；从业人员在100人以下的，应当配备专职或者兼职的安

全生产管理人员。

生产经营单位的安全生产管理机构以及安全生产管理人员应履行下列职责：

（1）组织或者参与拟订本单位安全生产规章制度、操作规程和生产安全事故应急救援预案；

（2）组织或者参与本单位安全生产教育和培训，如实记录安全生产教育和培训情况；

（3）督促落实本单位重大危险源的安全管理措施；

（4）组织或者参与本单位应急救援演练；

（5）检查本单位的安全生产状况，及时排查生产安全事故隐患，提出改进安全生产管理的建议；

（6）制止和纠正违章指挥、强令冒险作业、违反操作规程的行为；

（7）督促落实本单位安全生产整改措施。

[法律提示]

生产经营单位的安全生产管理机构以及安全生产管理人员应当恪尽职守，依法履行职责。生产经营单位做出涉及安全生产的经营决策，应当听取安全生产管理机构以及安全生产管理人员的意见。生产经营单位不得因安全生产管理人员依法履行职责而降低其工资、福利等待遇或者解除与其订立的劳动合同。

生产经营单位的主要负责人和安全生产管理人员必须具备与本单位所从事的生产经营活动相应的安全生产知识和管理能力。危险物品的生产、经营、储存单位以及矿山、金属冶炼、建筑施工、道路运输单位的主要负责人和安全生产管理人员，应当由主管的负有安全生产监督管理职责的部门对其安全生产知识和管理能力考核合格。危险物品的生产、储存单位以及矿山、金属冶炼单位应当有注册安全工程师从事安全生产管理工作。鼓励其他生产经营单位聘用注册安全工程师从事安全生产管理工作。

26. 企业安全生产投入有哪些法定要求?

生产经营单位必须安排适当的资金，用于改善安全生产设施，更新安全技术装备、器材、仪器、仪表以及其他安全生产投入，以保证生产经营单位达到法律、法规、标准规定的安全生产条件，并对由于安全生产所必需的资金投入不足而导致的后果承担责任。

安全生产投入资金具体由谁来保证，应根据企业的性质而定。一般来说，股份制企业、合资企业等安全生产投入资金由董事会予以保证；一般国有企业由厂长或者经理予以保证；个体工商户等个体经济组织由投资人予以保证。上述保证人承担由于安全生产所必需的资金投入不足而导致事故后果的法律责任。

[相关链接]

安全生产投入主要用于以下方面：

（1）建设安全生产和卫生技术措施工程，如防火防爆工程、通风除尘工程等；

（2）增设和更新安全生产设备、器材、装备、仪器、仪表等以及这些安全生产设备的日常维护；

（3）重大安全生产课题的研究；

（4）按照国家标准为职工配备劳动保护用品和设施；

（5）职工的安全生产教育和培训；

（6）其他有关预防事故发生的安全生产技术措施费用，如用于制定及落实生产安全事故应急救援预案等。

27. 高危行业安全生产费用如何管理？

（1）高危行业安全生产费用的使用原则：专户核算，专款专用；结余结转使用，不足部分直接列支。

（2）安全生产费用的监督管理：高危行业企业应当建立、健全安全生产费用的内部管理制度，明确安全生产费用提取和使用的管理程序、职责及权限；企业安全生产费用的提取使用要接受财政、审计和安全生产监督管理等有关部门的监督，煤矿企业还要接受安全监督管理部门和各级煤矿安全监察机构的监督；年度终了，企业要在年度财务会计报告中，报告安全生产费用提取和使用的具体情况。

各级财政部门、安全生产监督管理部门、有关行业管理部门和煤矿安全监察机构要定期或不定期地对企业安全生产费用的提取、管理、使用实施监督检查。

[法律提示]

国家安全生产监督管理总局发布的《安全生产违法行为行

政处罚办法》（国家安全监管总局令[2007]第15号）对安全生产费用提取使用的行政处罚做出了如下规定：未按规定足额提取使用安全生产费用的，致使生产经营单位不具备安全生产条件的，责令限期改正，提供必需的资金，并可以对生产经营单位处1万元以上3万元以下罚款，对生产经营单位的主要负责人、个人经营的投资人处5千元以上1万元以下罚款；逾期未改正的，责令生产经营单位停产停业整顿；未按规定保证安全生产所必需的资金投入，导致发生生产安全事故的，依照《生产安全事故报告和调查处理条例》的规定给予处罚。

28. 什么是安全生产风险抵押金?

由于一些企业业主经济能力有限或者有意逃避责任，常常在发生重特大事故后，面临行政和经济处罚时，躲避或者逃逸，把抢险救灾和事故善后全部推给地方人民政府，造成了极坏的社会影响，严重影响了事故抢险救援和善后处理工作。为了扭转这种恶劣现象，强化企业安全生产意识，落实安全生产责任，必须依法建立风险抵押机制。

依法对矿山、道路交通运输、建筑施工、危险化学品、烟花爆竹等领域从事生产经营活动的企业，收取一定数额的安全生产风险抵押金，企业生产经营期间发生生产安全事故的，作为事故抢险救灾和善后处理所需资金。

[法律提示]

根据《国务院关于进一步加强安全生产工作的决定》的有关规定，财政部、国家安全生产监督管理总局、中国人民银行联合印发了《企业安全生产风险抵押金管理暂行办法》（财建[2006]369号），财政部、国家安全生产监督管理总局联合印

发了《煤矿企业安全生产风险抵押金管理暂行办法》（财建[2005]918号）。

29. 风险抵押金按照法律规定该如何使用？

法律规定，下列情况下可使用企业安全生产风险抵押金：

（1）为处理本企业生产安全事故而直接发生的抢险、救灾费用支出；

（2）为处理本企业生产安全事故善后事宜而直接发生的费用支出。

企业发生生产安全事故后产生的抢险、救灾及善后处理费用，全部由企业负担，原则上应当由企业先行支付，确需动用风险抵押金专户资金的，经安全生产监督管理部门及同级财政部门批准，由代理银行具体办理有关手续。费用支出超过安全生产风险抵押金的，其超出部分仍由企业负担。

若发生下列之一情形的，省、市、县级安全生产监督管理部门及同级财政部门可以根据企业生产安全事故抢险、救灾及善后处理工作的需要，将风险抵押金部分或者全部转作事故抢险、救灾和善后处理所需资金：

（1）企业负责人在生产安全事故发生后逃逸的；

（2）企业生产安全事故发生后，未在规定时间内主动承担责任，支付抢险、救灾及善后处理费用的。

[相关链接]

（1）交通运输、建筑施工、危险化学品、烟花爆竹等行业或领域从事生产经营活动的企业风险抵押金存储标准：小型企业不低于人民币30万元；中型企业不低于人民币100万元；大型企业不低于人民币150万元；特大型企业不低于人民币200万元。

考虑到不影响特大型、大型企业的生产经营资金周转，每个企业风险抵押金累计达到500万元时不再存储。

（2）按照煤矿企业核定（设计）或者采矿许可证确定的生产能力，其风险抵押金标准为：年产能月产能3万吨以下（含3万吨）存储60万～100万元；3万吨以上至9万吨（含9万吨）存储150万～200万元；9万吨以上至15万吨（含15万吨）存储250万～300万元；15万吨以上，以300万元为基数，每增加10万吨增加50万元。

为了不影响特大型、大型国有煤矿企业的生产经营资金周转，每企业风险抵押金累计达到600万元时不再存储。

30. 什么是安全生产技术措施计划？

生产经营单位为了保证安全生产资金的有效投入，应编制安全生产技术措施计划，其核心是安全生产技术措施。

安全生产技术措施按照行业可分为：煤矿安全生产技术措施、非煤矿山安全生产技术措施、石油化工安全生产技术措施、冶金安全生产技术措施、建筑安全生产技术措施、水利水电安全生产技术措施、旅游安全技术措施等。

按照导致事故的原因可分为：防止事故发生的安全生产技

术措施、减少事故损失的安全生产技术措施等。

（1）防止事故发生的安全生产技术措施。常用的防止事故发生的安全生产技术措施有：消除危险源，限制能量或危险物质，隔离危险源，故障——安全生产设计，减少故障和失误。

（2）减少事故损失的安全生产技术措施。常用的减少事故损失的安全生产技术措施有：隔离，查找薄弱环节，个体防护，避难与救援。

[相关链接]

编制安全生产技术措施计划的基本原则是：

（1）必要性和可行性原则；

（2）自力更生与勤俭节约的原则；

（3）轻重缓急与统筹安排的原则；

（4）领导和群众相结合的原则。

31. 如何编制安全生产技术措施计划?

（1）确定措施计划编制时间

年度安全生产技术措施计划一般应与同年度的生产、技术、财务、供销等计划同时编制。

（2）布置措施计划编制工作

企业领导应根据本单位具体情况向下属单

位或职能部门提出编制措施计划具体要求，并就有关工作进行布置。

（3）确定措施计划项目和内容

下属单位在认真调查和分析本单位存在的问题，并征求群众意见的基础上，确定本单位的安全生产技术措施计划项目和主体内容，报上级安全生产管理部门。安全生产管理部门联合技术、计划部门对上报的措施计划进行审查、平衡、汇总后，确定措施计划项目，并报有关领导审批。

（4）编制措施计划

安全生产技术措施计划项目经审批后，由安全生产管理部门和下属单位组织相关人员，编制具体的措施计划和方案，经讨论后，送上级安全生产管理部门和有关部门审查。

（5）审批措施计划

上级安全生产、技术、计划部门对上报的安全生产技术措施计划进行联合会审后，报单位有关领导审批。安全生产技术措施计划一般由总工程师审批。

（6）下达措施计划

单位主要负责人根据总工程师的审批意见，召集有关部门和下属单位负责人审查、核定措施计划。审查、核定通过后，与生产计划同时下达到有关部门贯彻执行。

[相关链接]

每一项安全生产技术措施至少应包括以下内容：措施应用的单位或工作场所；措施名称；措施目的和内容；经费预算及来源；负责施工的单位或负责人；开工日期和竣工日期；措施预期效果及检查验收。

32. 法律、法规对安全生产培训有哪些基本要求?

《安全生产法》对安全生产教育、培训提出了基本要求，国家安全生产监督管理总局通过若干文件对安全生产教育、培训做出具体规定。法律、法规对安全生产培训总的要求是通过教育、培训，提高生产经营单位管理者和普通员工的安全生产责任感，普及安全生产有关法规知识和安全生产技术知识，提高安全生产操作技能和避险能力，为安全生产提供人员方面的保障。

[法律提示]

《安全生产法》规定：

第二十五条：“生产经营单位应当对从业人员进行安全生产教育和培训，保证从业人员具备必要的安全生产知识，熟悉有关的安全生产规章制度和安全操作规程，掌握本岗位的安全操作技能，了解事故应急处理措施，知悉自身在安全生产方面的权利和义务。未经安全生产教育和培训合格的从业人员，不得上岗作业。

生产经营单位使用被派遣劳动者的，应当将被派遣劳动者纳入本单位从业人员统一管理，对被派遣劳动者进行岗位安全操作规程和安全操作技能的教育和培训。劳务派遣单位应当对被派遣劳动者进行必要的安全生产教育和培训。生产经营单位应当建立安全生产教育和培训档案，如实记录安全生产教育和培训的时间、内容、参加人员以及考核结果等情况。”

第二十六条：“生产经营单位采用新工艺、新技术、新材料或者使用新设备，必须了解、掌握其安全技术特性，采取有效的安全防护措施，并对从业人员进行专门的安全生产教育和培训。”

第二十七条：“生产经营单位的特种作业人员必须按照国家有关规定经专门的安全作业培训，取得相应资格，方可上岗作业。”

33. 安全生产培训的对象有哪些?

法律规定对生产经营单位的以下人员必须进行安全生产教育、培训：

（1）生产经营单位主要负责人；

（2）安全生产管理人员；

（3）特种作业人员；

（4）生产经营单位其他从业人员。

对生产经营单位主要负责人的安全生产培训的基本要求是：

（1）煤矿、非煤矿山、危险化学品、烟花爆竹等生产经营单位的主要负责人必须进行安全生产资格培训，经安全生产监督管理部门或法律、法规规定的有关主管部门考核合格并取得安全生产资格证书后方可任职；

（2）其他单位主要负责人必须按照国家有关规定进行安全

生产培训，经培训单位考核合格并取得安全生产培训合格证后方可任职；

（3）所有单位主要负责人每年应进行安全生产再培训。

[法律提示]

对生产经营单位主要负责人的安全生产培训的主要内容是：

（1）国家安全生产方针、政策和有关安全生产的法律、法规、规章及标准；

（2）安全生产管理基本知识、安全生产技术、安全生产专业知识；

（3）重大危险源管理、重大事故防范、应急管理和救援组织以及事故调查处理的有关规定；

（4）职业危害及其预防措施；

（5）国内外先进的安全生产管理经验；

（6）典型事故和应急救援案例分析。

34. 对安全生产管理人员的安全生产培训有哪些基本要求？

对安全生产管理人员的安全生产培训的基本要求有：

（1）煤矿、非煤矿山、危险化学品、烟花爆竹等生产经营单位的安全生产管理人员必须进行安全生产资格培训，经安全生产监督管理部门或法律、法规规定的有关主管部门考核合格并取得安全生产资格证书后方可任职；

（2）其他单位安全生产管理人员必须按照国家有关规定进行安全生产培训，经培训单位考核合格并取得安全生产培训合格证后方可任职；

（3）所有单位安全生产管理人员每年应进行安全生产再培训。

[相关链接]

对安全生产管理人员的安全生产培训时间应该满足：

煤矿、非煤矿山、危险化学品、烟花爆竹等生产经营单位安全生产管理人员安全生产资格培训时间不得少于48学时；每年再培训时间不得少于16学时。

其他单位安全生产管理人员安全生产管理培训时间不得少于32学时；每年再培训时间不得少于12学时。

35. 什么是建设项目“三同时”？

建设项目“三同时”是指生产性基本建设项目中的劳动安全卫生设施必须符合国家规定的标准，必须与主体工程同时设计、同时施工、同时投入生产和使用，以确保建设项目竣工投产后，符合国家规定的劳动安全卫生标准，保障劳动者在生产过程中的安全与健康。

建设项目“三同时”的要求是针对我国境内的新建、改建、扩建的基础建设项目、技术改造项目和引进的建设项目，包括在我国境内建设的中外合资、中外合作和外商独资的建设项目。

[法律提示]

《安全生产法》第二十八条规定："生产经营单位新建、改建、扩建工程项目的安全设施，必须与主体工程同时设计、同时施工、同时投入生产和使用。安全设施投资应当纳入建设项目概算。矿山、金属冶炼建设项目和用于生产、储存、装卸危险物品的建设项目，应当按照国家有关规定进行安全评价。"

《职业病防治法》《劳动法》《建设项目（工程）劳动安全卫生监察规定》（原劳动部令第3号）、《建设项目（工程）劳动安全卫生预评价管理办法》（原劳动部令第10号）和《建设项目（工程）劳动安全卫生预评价单位资格认可与管理规则》（原劳动部令第11号）对建设项目"三同时"都有明确的规定。

36. 建设项目"三同时"的主要内容有哪些?

建设项目"三同时"制度的实施，要求从项目的论证到设计、施工、竣工验收都应按"三同时"的规定进行审查验收，具体包括以下几个阶段的内容：

（1）可行性研究阶段；

（2）初步设计阶段；

（3）施工阶段；

（4）试生产阶段；

（5）劳动安全卫生竣工验收阶段；

（6）投产使用阶段。

[相关链接]

在建设项目可行性研究阶段，实施建设项目劳动安全卫生预评价。对符合下列情况之一的，由建设单位自主选择并委托本建设项目设计单位以外的、有劳动安全卫生预评价资格的单位进行劳动安全卫生预评价：

（1）大中型或限额以上的建设项目；

（2）火灾危险性生产类别为甲类的建设项目；

（3）爆炸危险场所等级为特别危险场所和高度危险场所的建设项目；

（4）大量生产或使用Ⅰ级、Ⅱ级危害程度的职业性接触毒物的建设项目；

（5）大量生产或使用石棉粉料或含有10%以上游离二氧化硅粉料的建设项目；

（6）安全生产监督管理机构确认的其他危险、危害因素大的建设项目。

37. 安全生产检查的基本内容有哪些？

（1）安全生产软件系统检查：查思想、查意识、查制度、查管理、查事故处理、查隐患、查整改。

（2）安全生产硬件系统检查：查生产设备、查辅助设施、查安全生产设施、查作业环境。

对于危险性大、事故危害大的生产系统、部位、装置、设

备一般应重点检查的内容有：易燃易爆危险物品、剧毒品、承压设备、起重设备、运输设备、冶炼设备、电气设备、冲压机械，本企业易发生工伤、火灾、爆炸等事故的设备、工种、场所及其作业人员；易造成职业中毒或职业病的尘毒产生点及其作业人员；直接管理重要危险点和有害点的部门及其负责人。

对非矿山企业要求强制性检查的项目有：特种设备、升降机、防爆电器、厂内机动车辆、客运索道、游艺机及游乐设施等；作业场所的粉尘、噪声、振动、辐射、高温或低温、有毒物质的浓度等。

对矿山企业要求强制性检查的项目有：矿井风量、风质、风速及井下温度、湿度、噪声、瓦斯、粉尘，提升、运输、装载、通风、排水、瓦斯抽放、压缩空气和起重设备，各种防爆电器、电器安全保护装置，矿灯和钢丝绳，瓦斯、粉尘及其他有毒有害物质检测仪器、仪表，自救器、救护设备、安全帽、防尘口罩或面罩、防护服、防护鞋、防噪声耳塞、耳罩。

[相关链接]

安全生产检查有以下几种常见类型：定期安全检查；经常性安全检查；季节性及节假日前安全检查；专业（项）安全检

查；综合性安全检查；不定期的职工代表巡视安全检查。

38. 有哪些常用的安全检查方法？

（1）常规检查

由安全管理人员作为检查工作的主体，到作业场所的现场，通过感官或辅以一定的简单工具、仪表等，对作业人员的行为、作业场所的环境条件、生产设备设施等进行的定性检查。

（2）安全检查表法

安全检查表应列举需查明的所有可能会导致事故的不安全因素。每个检查表均需注明检查时间、检查者、直接负责人等，以便分清责任。安全检查表的设计应做到系统、全面，检查项目应明确。

（3）仪器检查法

机器、设备内部的缺陷及作业环境条件的真实信息或定量数据，只能通过仪器检查法来进行定量化的检验与测量。

[相关链接]

安全生产检查的工作程序如下：安全检查准备；实施安全检查；通过分析做出判断；及时做出决定进行处理；整改落实。

39. 劳动防护用品如何分类？

（1）按防护性能可将劳动防护用品分为特种劳动防护用品和一般劳动防护用品。特种劳动防护用品可分为6大类：头部护具类、呼吸护具类、眼（面）护具类、防护服类、防护鞋类、防坠落护具类。未列入特种劳动防护用品目录的劳动防护用品为一般劳动防护用品，如一般的工作服、手套等。

（2）按劳动防护用品防护部位分类：头部防护用品、呼吸器官防护用品、眼面部防护用品、听觉器官防护用品、手部防护用品、足部防护用品、躯干防护用品、护肤用品。

（3）按劳动防护用品用途分类：按防止伤亡事故的用途可分为防坠落用品、防冲击用品、防触电用品、防机械外伤用品、耐酸碱用品、耐油用品、防水用品、防寒用品；按预防职业病的用途可分为防尘用品、防毒用品、防噪声用品、防振动用品、防辐射用品、防高低温用品等。

[相关链接]

劳动防护用品应当遵循以下的选用原则：

（1）根据国家标准、行业标准或地方标准选用；

（2）根据生产作业环境、劳动强度以及生产岗位接触有害因素的存在形式、性质、浓度（或强度）和防护用品的防护性能进行选用；

（3）穿戴要舒适方便，不影响工作。

40. 法律规定劳动防护用品如何配备？

（1）用人单位应根据工作场所中的职业危害因素及其危害程度，按照法律、法规、标准的规定，为从业人员免费提供符合国家规定的劳动防护用品。不得以货币或其他物品替代应当配备的劳动防护用品。

（2）用人单位应到定点经营单位或生产企业购买特种劳动防护用品。特种劳动防护用品必须具有“三证”和“一标志”，即生产许可证、产品合格证、安全鉴定证和安全标志。

（3）用人单位应教育从业人员，按照劳动防护用品的使用规则和防护要求正确使用劳动防护用品，使职工做到“三会”：会检查劳动防护用品的可靠性；会正确使用劳动防护用品；会正确维护保养劳动防护用品。用人单位应定期进行监督检查。

（4）用人单位应按照产品说明书的要求，及时更换、报废过期和失效的劳动防护用品。

（5）用人单位应建立、健全劳动防护用品的购买、验收、保管、发放、使用、更换、报废等管理制度和使用档案，并进行必要的监督检查。

[相关链接]

劳动防护用品的使用方法：

（1）劳动防护用品使用前应首先做一次外观检查。

（2）劳动防护用品的使用必须在其性能范围内，不得超过

极限使用；不得使用未经国家指定、未经监测部门认可（国家标准）和检测还达不到标准的产品；不得使用无安全标志的特种劳动防护用品；不能随便代替，更不能以次充好。

（3）严格按照使用说明书正确使用劳动防护用品。

41. 特种劳动防护用品安全标志是什么样的？

特种劳动防护用品安全标志包括：

（1）特种劳动防护用品安全标志证书。证书由国家安全生产监督管理总局监制，加盖特种劳动防护用品安全标志管理中心印章。

（2）特种劳动防护用品安全标志。由盾牌图形和特种劳动防护用品安全标志的编号组成。不同尺寸的图形用于不同类型的特种劳动防护用品。

特种劳动防护用品安全标志的说明：

（1）本标志采用古代盾牌之形状，取“防护”之意；

（2）盾牌中间采用字母“LA”表示“劳动安全”之意；

（3）“××-××-××××××”是标志的编号；

（4）参照《安全色》（GB 2893—2001）的规定，标志边框、盾牌及“安全防护”为绿色，“LA”及背景为白色，标志编号为黑色。

[相关链接]

根据《劳动防护用品监督管理规定》：生产经营单位未按国家有关规定，不为从业人员配发劳动防护用品的、不按有关规定或者标准配发劳动防护用品的，配发无安全标志的特种劳动防护用品的，配发不合格或者超过使用期限的劳动防护用品的，或者劳动防护用品管理混乱，由此对从业人员造成事故伤害及职业危害的，安全生产监督管理部门或者煤矿安全监察机构责令限期改正。逾期未改正的，责令停产停业整顿，可以并处5万元以下的罚款；造成严重后果，构成犯罪的，将追究刑事责任。

重大危险源监控与事故预警机制

42. 什么是重大危险源?

国家标准《危险化学品重大危险源辨识》（GB 18218—2009）中将“重大危险源”定义为：长期地或临时地生产、加工、使用或储存危险化学品，且危险化学品的数量等于或超过临界量的单元。一个（套）生产装置，设施或场所，或同属一个生产经营单位的且边缘距离小于500 m的几个（套）生产装置、设施或场所。

[法律提示]

《安全生产法》第一百一十二条规定：“重大危险源，是指长期地或者临时地生产、搬运、使用或者储存危险物品，且危险物品的数量等于或者超过临界量的单元（包括场所和设施）。”

2011年7月22日，《危险化学品重大危险源监督管理暂行规定》由国家安全生产监督管理总局局长办公会议审议通过，2011年8月5日国家安全生产监督管理总局40号令予以公布，自2011年12月1日起施行。

43. 重大危险源控制系统的组成内容是什么?

（1）重大危险源的辨识

由政府主管部门和权威机构在物质毒性、燃烧、爆炸特性基础上，制定出危险物质及其临界量标准。通过危险物质及其临界量标准，确定哪些是可能发生事故的潜在危险源。

（2）重大危险源的评价

根据危险物质及其临界量标准进行重大危险源辨识和确认后，就应对其进行风险分析评价。

（3）重大危险源的管理

企业应对本单位的安全生产负主要责任。针对每一个重大危险源制定出一套严格的安全管理制度，通过技术措施和组织措施，对重大危险源进行严格控制和管理。

（4）重大危险源的安全报告

法规要求企业应在规定的期限内，对已辨识和评价的重大危险源向政府主管部门提交安全报告。如属新建的有重大危害性的设施，则应在其投入运转之前提交安全报告。安全报告应根据重大危险源的变化以及新知识和技术进展的情况进行修改和增补，并由政府主管部门经常进行检查和评审。

（5）事故应急救援预案

企业应负责制定现场事故应急救援预案，并且定期检验和评估现场事故应急救援预案和程序的有效程度，以及在必要时进行修订。场外事故应急救援预案，由政府主管部门根据企业提供的安全报告和有关资料制定。

（6）工厂选址和土地使用规划

政府有关部门应制定综合性的土地使用政策，确保重大危险源与居民区和其他工作场所、机场、水库、其他危险源和公共设施安全隔离。

（7）重大危险源的监察

政府主管部门必须派出经过培训的、合格的技术人员定期对重大危险源进行监察、调查、评估和咨询。

[相关链接]

《国务院关于进一步加强安全生产工作的决定》（国发[2004]2号）下发后，各地认真贯彻落实，陆续开展了重大危险源普查登记和监控工作。为了加强管理，统一标准，规范运行，原国家安全生产监督管理局发布了《重大危险源安全监督管理工作指导意见》（安监管协调字[2004]56号），各地方政府和大型企业也都据此制定了适合本地区或企业的重大危险源安全监督管理规定。

44. 我国关于重大危险源管理的法律、法规有哪些要求？

《危险化学品安全管理条例》第十九条规定：除运输工具加油站、加气站外，危险化学品的生产装置和储存数量构成重大危险源的储存设施，与下列场所、区域的距离必须符合国家有关规定：

（1）居民区、商业中心、公园等人员密集场所。

（2）学校、医院、影剧院、体育场（馆）等公共设施。

（3）饮用水源、水厂及水源保护区。

（4）车站、码头（依法经许可从事危险化学品装卸作业的除外）、机场以及通信干线、通信枢纽。铁路线路、水路交通干线、地铁风亭以及地铁站出入口。

（5）基本农田保护区、基本草原、畜禽遗传资源保护区、畜禽规模化养殖场（养殖小区）、渔业水域和种子、种畜禽、水产苗种生产基地。

（6）河流、湖泊、风景名胜区和自然保护区。

（7）军事禁区、军事管理区。

（8）法律、行政法规规定予以保护的其他区域。

已建危险化学品的生产装置和储存数量构成重大危险源的，储存设施不符合上述规定的，由所在地设区的市级人民政府安全生产监督管理部门会同有关部门监督其所属单位在规定期限内进行整顿；需要转产、停产、搬迁、关闭的，报本级人民政府批准后实施。

《危险化学品安全管理条例》第二十五条规定：储存危险化学品的单位应当建立危险化学品出入库核查、登记制度。

对剧毒化学品以及储存数量构成重大危险源的其他危险化学品，储存单位应当将其储存数量、储存地点以及管理人员的情况，报所在地县级人民政府安全生产监督管理部门（在港区内储存的，报港口行政管理部门）和公安机关备案。

[法律提示]

《安全生产法》第三十七条要求："生产经营单位对重大危险源应当登记建档，进行定期检测、评估、监控，并制定应急预案，告知从业人员和相关人员在紧急情况下应当采取的应急措施。

生产经营单位应当按照国家有关规定将本单位重大危险源及有关安全措施、应急措施报有关地方人民政府安全生产监督管理部门和有关部门备案。"

45. 重大危险源档案应当包括的文件和资料有哪些？

危险化学品单位应当对辨识确认的重大危险源及时、逐项进行登记建档。

重大危险源档案应当包括下列文件、资料：

（1）辨识、分级记录；

（2）重大危险源基本特征表；

（3）涉及的所有化学品安全技术说明书；

（4）区域位置图、平面布置图、工艺流程图和主要设备一览表；

（5）重大危险源

安全管理规章制度及安全操作规程；

（6）安全监测监控系统、措施说明、检测、检验结果；

（7）重大危险源事故应急预案、评审意见、演练计划和评估报告；

（8）安全评估报告或者安全评价报告；

（9）重大危险源关键装置、重点部位的责任人、责任机构名称；

（10）重大危险源场所安全警示标志的设置情况；

（11）其他文件、资料。

[相关链接]

危险化学品单位应当根据构成重大危险源的危险化学品种类、数量、生产、使用工艺（方式）或者相关设备、设施等实际情况，按照下列要求建立、健全安全监测监控体系，完善控制措施：

（1）重大危险源配备温度、压力、液位、流量、组分等信息的不间断采集和监测系统以及可燃气体和有毒有害气体泄漏检测报警装置，并具备信息远传、连续记录、事故预警、信息存储等功能；一级或者二级重大危险源，具备紧急停车功能。记录的电子数据的保存时间不少于30天。

（2）重大危险源的化工生产装置装备满足安全生产要求的自动化控制系统；一级或者二级重大危险源，装备紧急停车系统。

（3）对重大危险源中的毒性气体、剧毒液体和易燃气体等重点设施，设置紧急切断装置；毒性气体的设施，设置泄漏物紧急处置装置。涉及毒性气体、液化气体、剧毒液体的一级或者二级重大危险源，配备独立的安全仪表系统（SIS）。

（4）重大危险源中储存剧毒物质的场所或者设施，设置视频监控系统。

（5）安全监测监控系统符合国家标准或者行业标准的规定。

46. 什么是事故预警机制？

事故预警机制是指能灵敏、准确地告示危险前兆，并能及时提供警示，使机构能采取有关措施的一种制度，其作用在于超前反馈、及时布置、防风险于未然，最大限度地降低由于事故发生对生命造成的侵害、对财产造成的损失。完善的事故预警机制是建立在预警系统基础上，而预警系统主要由预警分析系统和预控对策系统两部分组成。

预警分析系统主要包括：监测系统、预警信息系统、预警评价指标体系系统、预测评价系统等。

[相关链接]

预警是指在事故发生前进行预先警告，即对将来可能发生的危险进行事先的预报，提请相关当事人注意。机制，根据《古今汉语词典》的解释有两层含义："一是指有机体的构造、功能特征和相互关系等；二是泛指一个工作系统的组织或部分之间的相互作用和方式。"现常用来指有机体或其他自然和人造系统的组织或部分之间的相互作用的方式和条件，以及系统与环境之间通过物质、能量和信息交换所产生的双向作用。

47. 构建事故预警需要遵循的原则是什么？

构建事故预警需要遵循及时、全面、高效和引导的原则：

（1）及时性原则

实行事故预警的出发点是“居安思危”，即事故还在孕育和萌芽的时期，就能够通过细致的观察和研究，防微杜渐，提早做好各种防范的准备。

（2）全面性原则

预警就是要对生产活动的各个领域进行全面监测，及时发现各个领域的异常情况，尽最大努力保证生命财产的安全，这是建立预警机制的宗旨。

（3）高效性原则

鉴于事故的不确定性和突发性，预警机制必须以高效率为重要原则。

（4）引导性原则

预警正是在某种灾害、突发公共事件降临之前，提醒或引导人们应该怎么做或应该采取什么态度去应付和处理，这样既减少了因盲从、跟风带来的被动以及生命和财产的损失，又是尊重公民基本权利的体现。

[相关链接]

事故预警的任务是：对各种事故征兆的监测、识别、诊断与评价，及时报警，并根据预警分析的结果对事故征兆的不良趋势进行矫正、预防与控制。

事故预警的特点：快速性、准确性、公开性、完备性和连贯性。

48. 事故预警指标是如何确定的?

预警评价的指标包括：

（1）人的安全可靠性指标，包括生理因素、心理因素、技术因素。

（2）生产过程的环境安全性指标，包括内部环境、外部环境。其中内部环境包括作业环境和内部社会环境，外部环境包括自然环境和社会环境。

（3）机（物）安全可靠性指标，包括设备运行不良、材料缺陷、危险物质、能量、安全装置、保护用品、储存与运输、各种物理参数指标。该类指标选择时，应根据具体行业确定。

（4）安全管理有效性的指标，包括安全组织、安全法制、安全信息、安全技术、安全教育、安全资金。

[相关链接]

预警阈值确定原则上既要防止误报又要避免漏报。若采用指标预警，一般可根据具体规程设定报警阈值，或者根据具体实际情况，确定适宜的报警阈值。指标预警是指根据预警指标数值大小的变动来发出不同程度的报警。

安全评价

49. 安全评价有哪几类?

安全评价按照实施阶段不同分为三类:

（1）安全预评价

安全预评价是指在项目建设前，根据建设项目可行性研究报告的内容，应用安全评价的原理和方法对系统（工程、项目）中存在的危险、有害因素及其危害性进行预测性评价，分析和预测该建设项目存在的危险、有害因素的种类和程度，提出合理可行的安全对策措施和建议，用以指导建设项目的初步设计。

（2）安全验收评价

安全验收评价是指在建设项目竣工、试生产运行正常后，通过对建设项目的设施、设备、装置实际运行状况及管理状况的安全评价，查找该建设项目投产后存在的危险、有害因素，确定其程度并提出合理可行的安全对策措施和建议。

（3）安全现状评价

安全现状评价是针对某一个生产经营单位总体或局部生产经营活动的安全现状进行的安全评价，查找其存在的危险、有害因素并确定其程度，提出合理可行的安全对策措施及建议。

[相关链接]

2007年，国家安全生产监督管理总局颁发了《安全评价通则》（AQ 8001—2007）、《安全预评价导则》（AQ 8002—2007）、《安全验收评价导则》（AQ 8003—2007）。根据上述标准，安全评价是指以实现安全生产为目标，应用安全系统工程原理和方法，辨识与分析工程、系统、生产经营活动中的危险、有害因素，预测发生事故或造成职业危害的可能性及其严重程度，提出科学、合理、可行的安全对策措施及建议，做出评价结论的活动。安全评价可针对一个特定的对象，也可针对一定区域范围。

50. 安全评价的程序是什么?

（1）前期准备

明确被评价对象，备齐有关安全评价所需的设备、工具，收集国内外相关法律、法规、技术标准及工程、系统的技术资料。

（2）辨识与分析危险、有害因素

根据被评价对象的具体情况，辨识和分析危险、有害因素，确定危险、有害因素存在的部位、存在的方式、事故发生的途径及其变化的规律。

（3）划分评价单元

在辨识和分析危险、有害因素的基础上，划分评价单元。评价单元的划分应科学、合理，便于实施评价、相对独立且具有明显的特征界限。

（4）定性、定量评价

根据评价单元的特征，选择合理的评价方法，对评价对象发生事故的可能性及其严重程度进行定性、定量评价。

（5）安全对策措施建议

依据危险、有害因素辨识结果与定性、定量评价结果，遵循针对性、技术可行性、经济合理性的原则，提出消除或减弱危险、有害因素的技术和管理措施建议。

（6）安全评价结论

根据客观、公正、真实的原则，严谨、明确地做出评价结论。

（7）安全评价报告的编制

依据安全评价的结果编制相应的安全评价报告。

[相关链接]

我国对于安全评价单元的最早定义出自原劳动部部颁标准《建设项目（工程）劳动安全卫生预评价导则》：评价单元是指根据评价的要求而划定的在工艺和设备布置上相对独立的作业区域。

《安全预评价导则》（AQ 8002—2007）对评价单元的定义是：评价单元是为了安全评价需要，按照建设项目生产工艺或场所的特点，将生产工艺或场所划分成若干相对独立的部分。

51. 危险、有害因素是如何分类的？

按导致事故的直接原因将生产过程中的危险和有害因素分为六大类：

（1）物理性危险和有害因素

物理性危险和有害因素包括：设备与设施缺陷、防护缺陷、电危害、噪声、振动、电磁辐射、电离辐射、运动物危害、明火、高温物质、低温物质、粉尘与气溶胶、作业环境不良、信号缺陷、标志缺陷、其他物理性危险和有害因素。

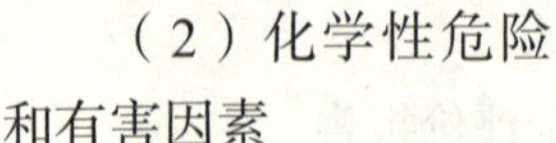

（2）化学性危险和有害因素

化学性危险和有害因素包括：易燃易爆性物质、自燃性物质、有毒物质、腐蚀性物质、其他化学性危险和有害因素。

（3）生物性危险和有害因素

生物性危险和有害因素包括：致病微生物、传染病媒介物、致害动物、致害植物、其他生物性危险和有害因素。

（4）心理、生理性危险和有害因素

心理、生理性危险和有害因素包括：负荷超限，健康状况异常，从事禁忌作业，心理异常，辨识功能缺陷，其他心理、生理性危险和有害因素。

（5）行为性危险和有害因素

行为性危险和有害因素包括：指挥错误、操作错误、监护失误、其他错误、其他行为性危险和有害因素。

（6）其他危险和有害因素

除上述因素之外的危险、有害因素。

[相关链接]

参照《企业职工伤亡事故分类》（GB 6441—1986），综合考虑起因物、引起事故的诱导性原因、致害物、伤害方式等，将危险因素分为20类。

参照《职业病范围和职业病患者处理办法的规定》，将危害因素分为生产性粉尘、毒物、噪声与振动、高温、低温、辐射（电离辐射、非电离辐射）、其他危害因素等7类。

52. 常用的安全评价方法有哪些？

（1）定性安全评价方法

定性安全评价方法是指根据经验和直观判断能力对生产系统的工艺、设备、设施、环境、人员和管理等方面的状况进行定性分析，评价结果是一些定性的指标，如是否达到了某项安全生产指标、事故类别和导致事故发生的因素等。属于定性安全评价方法的有安全检查表法、专家现场询问观察法、因素图分析法、作业条件危险性评价法（格雷厄姆—金尼法或LEC法）、故障类型和影响分析、危险可操作性研究等。

（2）定量安全评价方法

定量安全评价方法是指在大量分析实验结果和事故统计资料基础上获得的指标或规律（数学模型），对生产系统的工艺、设备、设施、环境、人员和管理等方面的状况进行定量的计算，评价结果是一些定量的指标，如事故发生的概率、事故的伤害（或破坏）范围、定量的危险性、事故致因因素的事故关联度或重要度等。常用的定量安全评价方法有：概率风险评价法（如故障类型及影响分析、事故树分析、逻辑树分析、概率理论分析、模糊矩阵法、统计图表分析法等）、伤害或破坏

范围评价法（如液体泄漏模型、气体泄漏模型、气体绝热扩散模型、池火火焰与辐射强度评价模型、毒物泄漏扩散模型和锅炉爆炸伤害TNT当量法等）、危险指数评价法（如道化学公司火灾、爆炸危险指数评价法、蒙德火灾爆炸毒性指数评价法等）。

[相关链接]

另外，按照其他的分类方法，安全评价方法又可以分为：

（1）按照安全评价的逻辑推理过程，可分为归纳推理评价法和演绎推理评价法等；

（2）按照安全评价要达到的目的，可分为事故致因因素安全评价方法、危险性分级安全评价方法和事故后果安全评价方法等；

（3）按照评价对象的不同，可分为设备（设施或工艺）故障率评价法、人员失误率评价法、物质系数评价法、系统危险性评价法等。

53. 安全预评价报告主要包括哪些内容?

（1）目的

结合评价对象的特点阐述编制安全预评价报告的目的。

（2）评价依据

列出有关的法律、法规、标准、行政规章、规范、评价对象被批准设立的相关文件及其他有关参考资料。

（3）概况

被评价对象的选址、总图及平面布置、水文情况、地质条件、工业园区规划、生产规模、工艺流程、功能分布、主要设施设备、装置、主要原材料、中间体、产品、经济技术指标、公用工程及辅助设施、人流、物流等。

（4）危险、有害因素的辨识与分析

列出辨识与分析危险、有害因素的依据，阐述辨识与分析危险、有害因素的过程。

（5）评价单元的划分

阐述划分评价单元的原则、分析过程等。

（6）安全预评价方法

简介选定的安全预评价方法；阐述选此方法的原因；详细列出定性、定量评价过程；对重大危险源的分布、监控情况以及预防事故扩大的应急预案的建立内容，应明确给出相关的评价结果；对得出的评价结果进行分析。

（7）安全对策措施建议

列出安全对策措施建议的依据、原则、内容。

（8）安全预评价结论

简要列出主要危险、有害因素评价结果，指出评价对象应重点防范的重大危险有害因素，明确应重视的安全对策措施建议，明确评价对象潜在的危险、有害因素，在采取安全对策措施后，能否得到控制以及受控的程度如何。给出评价对象从安全生产角度上看是否符合国家有关法律、法规、标准、行政规章、规范要求的客观评价。

[相关链接]

无论是安全预评价还是安全验收评价或者是安全现状评价，评价报告的格式都应该符合《安全评价通则》（AQ 8001—2007）标准中规定的要求。

54. 法规对安全评价机构是如何管理的?

按照法律、法规要求，安全评价机构要求有独立的法人资格，即有明确的法定代表人。评价机构的最高管理者应确定评价机构的过程控制方针，提供实施安全评价方案和活动以及绩效测量和监测工作所需的人力、专项技能与技术、财力资源，并在安全评价活动中起领导作用。评价机构还应明确与评价资质业务范围相适应的技术负责人和安全评价过程控制负责人。

明确安全评价机构内部的组织机构及职责是安全评价过程控制体系运行的关键环节。评价机构中只有每一个人按照规定做好自己的本职工作，共同参与安全评价过程控制体系的建设与维护，过程控制体系才能真正实现持续改进和保证安全评价的工作质量。体系的建立、实施和维护均是以评价机构为单位，按职能和层次展开，在体系运行过程中明确各职能部门与层次间的相互关系，规定其作用、职责与权限是体系建立的必要条件，也是体系运行的有力保障。

[法律提示]

国家安全生产监督管理总局颁布的《安全评价机构管理规定》（第22号令）中规定，对安全评价机构实行资质许可制度。该《规定》对安全评价机构获取安全评价资质的程序和业务范围有详细而明确的管理规定。

55. 法规对安全评价人员是如何管理的？

人员培训、业务交流是保持一支高质量的安全评价队伍的必要途径。法规要求：

（1）根据评价人员的作用和职责，确定各类人员所必需的安全评价能力。

（2）制订并保持确保各类人员具备相应能力的培训计划。

（3）定期评审培训计划，必要时予以修订，以保证其适宜性和有效性。

（4）在制订和保持培训计划或方案时，其内容应重点针对以下领域：机构人员的作用与职责培训；新员工的安全评价知识培训；针对安全评价的法律、法规、标准和指导性文件的培训；针对中高层管理者的管理责任和管理方法的培训；针对工程项目分包方、委托方等所需要的培训。

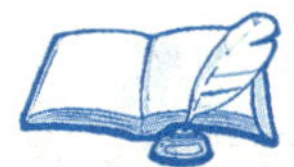

[法律提示]

2007年11月22日，安全评价师被正式批准为我国新的社会职业。2008年2月29日，原国家劳动和社会保障部正式颁布了《国家职业标准·安全评价师（试行）》，标志着安全评价师国家职业资格制度开始实施，安全评价工作法制化日趋完善。

事故应急救援

56. 事故应急救援的基本任务是什么？

（1）立即组织营救受害人员，组织撤离或者采取其他措施保护危害区域内的其他人员。抢救受害人员是应急救援的首要任务。

（2）迅速控制事态，并对事故造成的危害进行检测、监测，测定事故的危害区域、危害性质及危害程度。及时控制住造成事故的危险源是应急救援工作的重要任务。

（3）消除危害后果，做好现场恢复。及时清理废墟和恢复基本设施，将事故现场恢复至相对稳定的状态。

（4）查清事故原因，评估危害程度。事故发生后应及时调查事故的发生原因和事故性质，评估出事故的危害范围和危险程度，查明人员伤亡情况，做好事故原因调查，并总结救援工作中的经验和教训。

[相关链接]

事故应急救援工作是在预防为主的前提下，贯彻统一指挥、分级负责、区域为主、单位自救和社会救援相结合的原则。这是一项涉及面广、专业性强的工作，单一靠某一个部门是很难完成的，必须把各方面的力量组织起来，在指挥部的统一指挥下，安全、救护、公安、消防、环保、卫生、质检等部门密切配合，协同作战，迅速、有效地组织和实施应急救援，尽可能地避免或减少损失。

57. 关于应急救援的法律、法规要求有哪些？

近年来，我国政府相继颁布的一系列法律、法规，如《安全生产法》《职业病防治法》《特种设备安全法》《危险化学品安全管理条例》《关于特大安全事故行政责任追究的规定》等，对危险化学品、特大安全事故、重大危险源等应急救援工作提出了相应的规定和要求。

2006年1月8日，国务院发布了《国家突发公共事件总体应急预案》，明确了各类突发公共事件分级分类和预案框架体系，规定了国务院应对特别重大突发公共事件的组织体系、工作机制等内容，是指导预防和处置各类突发公共事件的规范性文件。

2007年8月30日，全国人民代表大会常务委员会第二十九次会议通过了《突发事件应对法》，并以主席令（第69号）颁布，自2007年11月1日起施行。该法明确规定了在突发事件的预防与应急准备、监测与预警、应急处置与救援、事后恢复与重建等活动中，政府、单位及个人的职责。

[法律提示]

新修订的《安全生产法》高度重视事故应急与救援工作，

如第十八条规定："生产经营单位的主要负责人具有组织制定并实施本单位的生产安全事故应急救援预案的职责。"第三十七条规定："生产经营单位应当按照国家有关规定将本单位重大危险源及有关安全措施、应急措施报有关地方人民政府安全生产监督管理部门和有关部门备案。""第五章生产安全事故的应急救援与调查处理"对生产安全事故的应急救援预案和应急救援队伍作了明确的、详细的规定。

58. 事故应急救援体系的基本构成有哪几个方面？

（1）组织体制

应急救援体系组织体制建设中的管理机构是指维持应急日常管理的负责部门；功能部门包括与应急活动有关的各类组织机构，如消防、医疗机构等；应急指挥是指在应急预案启动后，负责应急救援活动的场外与场内指挥系统；而救援队伍则由专业和志愿人员组成。

（2）运作机制

应急运作机制主要由统一指挥、分级响应、属地为主和公众动员这4个基本机制组成。

（3）法制基础

应急有关的法规可分为4个层次：由立法机关通过的法律，如《紧急状态法》《公民知情权法》《紧急动员法》等；由政府颁布的规章，如《应急救援管理条例》等；包括预案在内的以政府令形式颁布的政府法令、规定等；与应急救援活动直接有关的标准或管理办法等。

（4）保障系统

列于应急保障系统第一位的是信息与通信系统，构筑集中管理的信息通信平台是应急体系最重要的基础建设。

[相关链接]

应急信息通信系统要保证所有预警、报警、警报、报告、指挥等活动的信息交流快速、顺畅、准确，以及信息资源共享；物资与装备系统不但要保证有足够的资源，而且还要实现快速、及时供应到位；人力资源保障系统包括专业队伍的加强、志愿人员以及其他有关人员的培训教育；应急财务保障系统应建立专项应急科目，如应急基金等，以保障应急管理运行和应急反应中各项活动的开支。

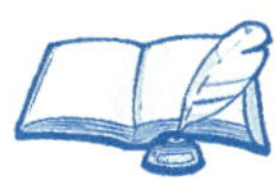

[法律提示]

《安全生产法》第七十六条规定："国务院安全生产监督管理部门建立全国统一的生产安全事故应急救援信息系统，国务院有关部门建立、健全相关行业、领域的生产安全事故应急救援信息系统。"

59. 事故应急现场指挥系统的组织结构如何？

现场指挥系统应该由以下核心应急响应职能部门组成：

（1）事故应急指挥官

事故应急指挥官负责现场应急响应所有方面的工作，包括

确定事故应急目标及实现目标的策略；批准实施书面或口头的事故应急行动计划；高效地调配现场资源；落实保障人员安全与健康的措施；管理现场所有的应急行动。

（2）行动部

行动部负责所有主要的应急行动，包括消防与抢险、人员搜救、医疗救治、疏散与安置等。所有的战术行动都依据事故应急行动计划来完成。

（3）策划部

策划部负责收集、评价、分析及发布事故应急相关的战术信息，准备和起草事故行动计划，并对有关的信息进行归档。

（4）后勤部

后勤部负责为事故的应急响应提供设备、设施、物资、人员、运输、服务等。

（5）资金（行政）部

资金（行政）部负责跟踪事故应急的所有费用并进行评估，承担其他职能未涉及的资金管理职责。

[相关链接]

重大事故的现场情况一般都是非常复杂的，并且一般现场还汇集了各方面的救援力量和物资，应急救援行动的组织、指挥与协调面临很大的考验，一般会存在如下主要的问题需要解决：太多人向指挥官汇报情况；机构间缺乏协调机制，并且术语不同；缺乏可靠的事故相关信息和决策机制，整体目标不清晰；通信不通畅；机构对自身的现场任务和目标不明确等。

60. 什么是事故应急预案？

事故应急预案，又名“预防和应急处理预案”“应急处理

预案”“应急计划”或“应急救援预案”，是事先针对可能发生的事故（件）或灾害进行预测，而预先制定的应急与救援行动，用以降低事故损失的有关救援措施、计划或方案。事故应急预案实际上是标准化的反应程序，以使应急救援活动能迅速、有序地按照计划和最有效的步骤来进行。

事故应急预案最早是为预防、预测和应急处理“关键生产装置事故”“重点生产部位事故”“化学泄漏事故”而预先制定的对策方案。应急预案有三个方面的含义，即事故预防、应急处理和抢险救援。

[相关链接]

重大事故应急预案根据层次可分为三种：

（1）综合预案

相当于总体预案，从总体上阐述预案的应急方针、政策，应急组织结构及相应的职责，应急行动的总体思路等。

（2）专项预案

是针对某种具体的、特定类型的紧急情况而制订的计划或方案，是综合应急预案的组成部分，应按照综合应急预案的程序和要求组织制订，并作为综合应急预案的附件。

（3）现场处置方案

是在专项预案的基础上，根据具体情况而编制的。现场处置方案的特点是针对某一具体场所的该类特殊危险及周边环境情况，在详细分析的基础上，对应急救援中的各个方面做出具体、周密而细致的安排。现场处置方案的另一特殊形式为单项预案。

61. 应急预案一般包括哪几级文件体系?

（1）一级文件——预案

它包含了对紧急情况的管理政策、预案的目标，应急组织和责任等内容。

（2）二级文件——程序

它说明某个行动的目的和范围。程序内容十分具体，例如该做什么、由谁去做、什么时间和什么地点等。它的目的是为应急行动提供指南，但同时要求程序和格式简洁明了，以确保应急队员在执行应急步骤时不会产生误解。格式可以是文字叙述、流程图表或是两者的组合等，应根据每个应急组织的具体情况选用最适合本组织的程序格式。

（3）三级文件——指导书

对程序中的特定任务及某些行动细节进行说明，供应急组织内部人员或其他个人使用。

（4）四级文件——对应急行动的记录

包括在应急行动期间所做的通信记录、每一步应急行动的记录等。

[相关链接]

一个完善的应急预案按相应的过程可分为6个一级关键要

素，包括：方针与原则、应急策划、应急准备、应急响应、现场恢复、预案管理与评审改进。根据一级要素中所包括的任务和功能，其中应急策划、应急准备和应急响应3个一级关键要素可进一步划分成若干个二级小要素。所有这些要素即构成了重大事故应急预案的核心要素。

62. 应急预案的编制程序是什么？

应急预案的编制应包括以下几个过程：

（1）成立工作组

结合本单位部门职能分工，成立以单位主要负责人为领导的应急预案编制工作组，明确编制任务、职责分工、制订工作计划。

（2）资料收集

包括相关法律、法规、应急预案、国内外同行业事故案例分析、本单位技术资料等。

（3）危险源与风险分析

在危险因素分析及事故隐患排查、治理的基础上，确定本单位的危险源、可能发生事故的类型和后果，进行事故风险分析并指出事故可能产生的次生、衍生事故，形成分析报告、分析结果作为应急预案的编制依据。

（4）应急能力评估

对本单位应急装备、应急队伍等应急能力进行评估。

（5）应急预案编制

编制过程中，应注重全体人员的参与和培训，使所有有关人员均掌握危险源的危险性、应急处置方案和技能。应急预案应充分利用社会应急资源，与地方政府预案、上级主管单位以及相关部门的预案相衔接。

（6）应急预案的评审与发布

内部评审由本单位主要负责人组织有关部门和人员进行；外部评审由上级主管部门或地方政府负责安全管理的部门组织审查。评审后，按规定报有关部门备案，并经生产经营单位主要负责人签署发布。

[法律提示]

2006年9月20日，国家安全生产监督管理总局颁布了《生产经营单位安全生产事故应急预案编制导则》（AQ/T 9002—2006），并于2006年11月1日实施。该导则明确了应急预案应包含的内容和编制要求，为应急预案的规范化建设提供了依据。2013年10月1日,国家标准《生产经营单位生产安全事故应急预案编制导则》（GB/T 29639—2013）正式实施。

63. 应急响应的功能和任务有哪些?

应急响应包括应急救援过程中一系列需要明确并实施的核心应急功能和任务，这些核心功能和任务具有一定的独立性，但相互之间又密切联系，构成了应急响应的有机整体。应急响应的核心功能和任务包括：接警与通知，指挥与控制，警报和紧急公告，通信，事态监测与评估，警戒与治安，人群疏散与安置，医疗与卫生，公共关系，应急人员安全，消防和抢险，泄漏物控制。

[相关链接]

为了给应急准备、应急响应和减灾措施提供决策和指导依据，应该进行危险性分析，危险性分析包括危险识别、脆弱性分析和风险分析。危险性分析的结果应该能够提供以下资料：

（1）地理、人文（包括人口分布）、地质、气象等信息；

（2）城市功能布局（包括重要保护目标）及交通情况；

（3）重大危险源分布情况及主要危险物质种类、数量及理化、消防等特性；

（4）可能发生的重大事故种类及对周边的后果分析；

（5）特定的时段（例如，人群高峰时间、度假季节、大型活动）；

（6）可能影响应急救援的不利因素。

64. 应急预案演练形式有哪几种?

（1）桌面演练

桌面演练是指由应急组织的代表或关键岗位人员参加的，按照应急预案及其标准工作程序，讨论紧急情况时应采取行动的演练活动。桌面演练的特点是对演练情景进行口头演练，一般是在会议室内举行。

（2）功能演练

功能演练是指针对某项应急响应功能或其中某些应急响应行动举行的演练活动，主要目的是测试应急响应功能。例如，指挥和控制功能的演练，检测、评价多个政府部门在紧急状态下实现集权式的运行和响应能力等。演练地点主要集中在若干个应急指挥中心或现场指挥部，并开展有限的现场活动，调用有限的外部资源。

（3）全面演练

全面演练指针对应急预案中全部或大部分应急响应功能，检验、评价应急组织应急运行能力的演练活动。全面演练一般要求持续几个小时，采取交互方式进行，演练过程要求尽量真实，调用更多的应急人员和资源，并开展人员、设备及其他资源的实战性演练，以检验相互协调的应急响应能力。

[相关链接]

应急演练的目的是：通过培训、评估、改进等手段提高保护人民群众生命财产安全和环境的综合应急能力；说明应急预案的各部分或整体是否能有效地实施；验证应急预案应急可能出现的各种紧急情况的适应性，找出应急准备工作中可能需要改善的地方；确保建立和保持可靠的通信渠道及应急人员的协同性；确保所有应急组织都熟悉并能够履行他们的职责，找出需要改善的潜在问题。

[法律提示]

应急演练是我国各类事故及灾害应急过程中的一项重要工作，多部法律、法规及规章对此都有相应的规定，如《消防法》《危险化学品安全管理条例》《矿山安全法实施条例》

《使用有毒物品作业场所劳动保护条例》《核电厂核事故应急条例》《突发公共卫生事件应急条例》等规定有关企业和行政主管部门应针对火灾、化学事故、矿山灾害、职业中毒事故或突发性公共卫生事件定期开展应急演练。

65. 应急演练的主要任务是什么？

应急演练是由多个组织共同参与的一系列行为和活动，按照应急演练的各个阶段，可将演练前后应予完成的内容和活动分解并整理成20项单独的基本任务，如确定演练目标和演练范围，编写演练方案，确定演练现场规则，制定评价人员，安排后勤工作，记录应急组织的演练表现；编写书面评价报告和演练总结报告，评价和报告不足项补救措施，追踪整改项的纠正等。

[相关链接]

为充分发挥演练在检验和评价城市应急能力方面的重要作用，演练策划人员、参演应急组织和人员针对不同应急功能的演练时，应注意如下演练实施要点：早期通报，指挥与控制，通信，警报与紧急公告，公共信息与社区关系，资源管理，卫生与医疗服务，应急响应人员安全，公众保护措施，火灾与搜

救，执法，事态评估，人道主义服务，市政工程。

66. 对应急演练的结果如何处理？

应急演练结束后应对演练的效果做出评价，并提交演练报告，详细说明演练过程中发现的问题。按照对应急救援工作及时、有效性的影响程度，将演练过程中发现的问题作如下定义和处理：

（1）不足项

不足项是指演练过程中观察或识别出的应急准备缺陷，可能导致在紧急事件发生时，不能确保应急组织或应急救援体系有能力采取合理应对措施。不足项应在规定的时间内予以纠正。

（2）整改项

整改项是指演练过程中观察或识别出的，单独不可能在应急救援中对公众的安全与健康造成不良影响的应急准备缺陷。整改项应在下次演练前予以纠正。

（3）改进项

改进项是指应急准备过程中应予改善的问题。改进项不同于不足项和整改项，它不会对人员安全与健康产生严重的影响，视情况予以改进，不必一定要求予以纠正。

[相关链接]

演练结束后，进行总结与讲评是全面评价演练是否达到演练目标、应急准备水平及是否需要改进的一个重要步骤，也是演练人员进行自我评价的机会。演练总结与讲评可以通过访谈、汇报、协商、自我评价、公开会议和通报等形式完成。演练总结应包括如下内容：演练背景，参与演练的部门和单位，演练方案和演练目标，演练过程的全面评价，演练过程中发现的问题和整改措施，对应急预案和有关程序的改进建议，对应急设备、设施维护与更新的建议，对应急组织、应急响应人员能力和培训的建议。

职业卫生

67. 职业危害因素如何分类?

职业危害因素是指与生产有关的劳动条件，包括生产过程、劳动过程和生产环境，对劳动者健康和劳动能力产生有害作用的职业因素。根据《职业病危害因素分类目录》（国卫疾控发[2013]48号），可将职业危害因素分为：

（1）粉尘类职业危害（包含以下种类的粉尘）

1）硅尘；2）煤尘；3）石墨尘；4）碳墨尘；5）石棉尘；6）滑石尘；7）水泥尘；8）云母尘；9）陶瓷尘；10）铝尘；11）电焊烟尘；12）铸造粉尘。

（2）放射性物质类（电离辐射）简称（放射类）

1）X线；2）放射性同位素；3）放射性矿物；4）中子发生器等的应用；5）开采、加工制造等接触作业。

（3）化学物质类职业危害

1）铅尘；2）铅烟；3）铅化合物；4）汞；5）氯化高

汞；6）汞化合物；7）锰烟；8）锰尘；9）锰化合物；10）镉及其化合物；11）铍及其化合物；12）铊及其化合物；13）钡及其化合物；14）钒及其化合物；15）磷及其化合物；16）砷及其化合物；17）铀；18）砷化氢；19）氯气；20）二氧化硫；21）光气；22）氨；23）偏二甲基肼；24）氮氧化合物；25）一氧化碳；26）二硫化碳；27）硫化氢；28）磷化氢；29）磷化锌；30）磷化铝；31）氟及其化合物；32）氰化氢；33）氢氰酸；34）氰化物；35）丙烯腈；36）四乙基铅；37）有机锡；38）羰基镍；39）苯；40）甲苯；41）二甲苯；42）正乙烷；43）汽油；44）一甲胺；45）有机氟聚合物及其热裂解产物；46）二氯乙烷；47）四氯化碳；48）氯乙烯；49）三氯乙烯；50）氯丙烯；51）氯丁二烯；52）苯胺；53）甲苯胺；54）二甲基苯胺；55）N-二甲基苯胺；56）二苯胺；57）硝基苯；58）硝基甲苯；59）对硝基苯胺；60）二硝基苯；61）二硝基甲苯；62）三硝基甲苯；63）甲醇；64）酚；65）五氯酚；66）甲醛；67）硫酸二甲酯；68）丙烯酰胺；69）二甲基甲酰胺；70）有机磷农药；71）氨基甲酸酯类农药；72）杀虫脒；73）溴甲烷；74）拟除虫菊酯类；75）氯甲醚；76）焦炉烟气。

导致皮肤病的化学物质类职业危害：

1）重铬酸盐；2）铬酸盐；3）三氯甲烷；4）β-萘胺；5）乙醇；6）醚；7）环氧树脂；8）尿醛树脂；9）酚醛树脂；10）松节油；11）对苯二酚；12）润滑油。

导致光敏性皮炎的化学物质类职业危害：

1）焦油；2）沥青；3）醌；4）蒽醌；5）蒽油；6）木酚油；7）吖啶；8）菲；9）荧光素；10）六氯苯；11）硫氯酚；12）氯丙嗪；13）氯噻嗪；14）酚噻嗪；15）异丙嗪；

16）荧光增白剂；17）油彩。

导致痤疮的化学物质类职业危害：

1）柴油；2）煤油；3）多氯苯；4）多氯联苯；5）氯化萘；6）多氯酚；7）聚氯乙烯。

导致化学性皮肤灼伤的化学物质类职业危害：

1）硫酸；2）硝酸；3）盐酸；4）氢氧化钠。

（4）物理类职业危害

1）高温；2）高气压；3）低气压；4）局部振动；5）紫外线；6）噪声；7）激光；8）电磁辐射。

（5）生物类职业危害

1）炭疽杆菌；2）森林脑炎；3）布氏杆菌。

（6）其他类职业危害

1）棉尘；2）嗜热性放线菌；3）氧化锌；4）二异氰酸甲苯酯；5）不良作业条件（压迫及摩擦）仅指煤矿井下作业。

[相关链接]

职业卫生研究的是人类从事各种职业劳动过程中的卫生问题，其中包括劳动环境对劳动者健康的影响及防治职业性危害的对策。

只有创造合理的劳动工作条件，才能使所有从事劳动的人员在体格、精神、社会适应等方面都保持健康；只有防治职业病和与职业有关的疾病，才能降低病伤缺勤率，提高劳动生产率。因此，职业卫生实际上是指对各种工作中的职业有害因素所致损害或疾病的预防。

[法律提示]

《全国人民代表大会常务委员会关于修改〈中华人民共和国职业病防治法〉的决定》已由中华人民共和国第十一届全国人民代表大会常务委员会第二十四次会议于2011年12月31日通过，2011年12月31日中华人民共和国主席令第52号予以公布，自公布之日起施行。

68. 什么是职业病?

当职业危害因素作用于人体的强度与时间超过一定的限度时，人体不能代偿其所造成的功能性或器质性病理的改变，从而出现相应的临床症状，影响劳动能力，这类疾病通称为职业病。一般被认定为职业病，应具备下列3个条件：该疾病应与工作场所的职业性有害因素密切有关；所接触的有害因素的剂量（浓度或强度）无论过去或现在，都足可导致疾病的发生；必须区别职业性与非职业性病因所起的作用，而前者的可能性必须大于后者。

[相关链接]

医学上所称的职业病是泛指职业危害因素所引起的特定疾

病，而在立法的意义上，职业病却具有一定的范围，即凡由国家政府主管部门明文规定的职业病，统称为法定职业病。

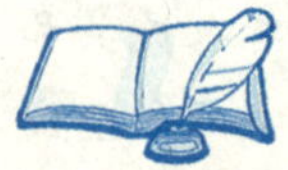

[法律提示]

2013年12月23日，国家卫生计生委、人力资源和社会保障部、安全生产监督管理总局、全国总工会4部门联合印发《职业病分类和目录》。该《分类和目录》将职业病分为职业性尘肺病及其他呼吸系统疾病、职业性皮肤病、职业性眼病、职业性耳鼻喉口腔疾病、职业性化学中毒、物理因素所致职业病、职业性放射性疾病、职业性传染病、职业性肿瘤、其他职业病10类132种。《职业病分类和目录》自印发之日起施行。2002年4月18日，原卫生部和原劳动保障部联合印发的《职业病目录》予以废止。

69. 我国目前已颁布的与职业卫生相关的主要法律、法规与规章、标准有哪些？

（1）基本法律、法规类

主要有《宪法》《刑法》《矿山安全法》《消防法》《劳动法》《职业病防治法》《尘肺病防治条例》《使用有毒物品作业场所劳动保护条例》等，这些法律、法规中都有关于劳动安全卫生方面的若干规定，特别是后4种法规更有对职业卫生方面的详细规定。

（2）职业卫生规章

主要有《职业卫生技术服务机构管理办法》《职业病危害因素分类目录》《建设项目职业病危害评价规范》《职业性接触毒物危害程度分级》《国家职业卫生标准管理办法》《职业健康监护管理办法》《职业病诊断与鉴定管理办法》《职业

病危害项目申报管理办法》《职业病危害事故调查处理办法》《建设项目职业病危害分类管理办法》《国务院关于加强防尘防毒工作的决定》《企业职工伤亡事故报告和处理规定》《职业病报告办法》等。这些由部委颁发的规章分别对职业卫生的管理、评价及职业病的有关处理等方面进行了比较详细的规定。

（3）各种职业卫生技术规范

如《工业企业建设项目卫生职业卫生预评价规范》《工业企业设计卫生标准》《工业企业噪声卫生标准》《工业企业建设项目卫生预评价规范》等。

（4）职业卫生地方法规

如《江苏省职业病防治条例》《北京市职业病防治卫生监督条例》《福建省职业病防治条例》《广东省职业安全卫生条例》《上海市职业病防治条例》《天津市职业病防治条例》等。

[相关链接]

与《职业病防治法》相配套的规章有：《国家职业卫生标准管理办法》《职业病危害项目申报管理办法》《建设项目职业病危害分类管理办法》《职业健康监护管理办法》《职业病诊断与鉴定管理办法》《职业病危害事故调查处理办法》等。

70. 从业人员依法享有哪些职业卫生权利?

根据《职业病防治法》，劳动者享有下列职业卫生保护权利：

（1）获得职业卫生教育；

（2）获得职业健康检查、职业病诊疗、康复等职业病防治

服务；

（3）了解工作场所产生或者可以产生的职业病危害因素、危害后果和应当采取的职业病防护措施；

（4）要求用人单位提供符合防治职业病要求的职业病防护设施和个人使用的职业病防护用品，改善工作条件；

（5）对违反职业病防治法律、法规以及危及生命健康的行为提出批评、检举和控告；

（6）拒绝违章指挥和强令进行没有职业病防护措施的作业；

（7）参与用人单位职业卫生工作的民主管理，对职业病防治工作提出意见和建议。

用人单位应当保障劳动者行使上述所列权利。因劳动者依法行使正当权利而降低其工资、福利等待遇或者解除、终止与其订立的劳动合同的，其行为无效。

[相关链接]

为了保护自身健康，劳动者在职业病防治中应当履行以下义务：

（1）认真接受用人单位的职业卫生培训，努力学习和掌握必要的职业卫生知识；

（2）遵守职业卫生法律、法规、制度和操作规程；

（3）正确使用与维护职业病危害防护设备及个人防护用品；

（4）及时报告事故隐患；

（5）积极配合上岗前、在岗期间和离岗时的职业健康检查；

（6）如实提供职业病诊断、鉴定所需的有关资料等。

71. 法律、法规对建设项目职业病危害管理是如何规定的?

建设项目在论证阶段应当向安全生产监督管理部门提交职业病危害预评价报告。安全生产监督管理部门应当自收到职业病危害预评价报告之日起30日内，做出审核决定并书面通知建设单位。未提交预评价报告或者预评价报告未经安全生产监督管理部门审核同意的，有关部门不得批准该建设项目。职业病危害预评价报告应当对建设项目可能产生的职业病危害因素及其对工作场所和劳动者健康的影响做出评价，确定危害类别和职业病防护措施。建设项目职业病危害分类管理办法由国务院安全生产监督管理部门制定。

建设项目的职业病防护设施所需费用应当纳入建设项目工程预算，并与主体工程同时设计，同时施工，同时投入生产和使用。职业病危害严重的建设项目的防护设施设计，应当经安全生产监督管理部门审查，符合国家职业卫生标准和卫生要求的，方可施工。建设项目在竣工验收前，建设单位应当进行职业病危害控制效果评价。建设项目竣工验收时，其职业病防护设施经安全生产监督管理部门验收合格后，方可投入正式生产和使用。

在进行建设项目职业病危害评价时，开展的职业卫生调查包括针对建设项目职业病危害预评价的类比现场调查。建设项目的基础资料应由建设单位提供，主要有：建设单位职业卫生基本情况、职业卫生技术服务委托书、建设项目可行性研究报告、建设项目试运行资料、建设单位职业卫生档案、建设单位健康监护档案等。

［相关链接］

在进行建设项目职业病危害评价时，针对建设项目职业病危害控制效果评价的现场调查，含生产过程的卫生学调查、作业环境卫生学调查、职业卫生“三同时”调查、职业卫生管理调查、现场检测和职业性健康调查等。

72. 工作场所有害因素职业接触限值主要有哪些？

（1）接触限值

接触限值是指劳动者在职业活动过程中长期反复接触对机体不引起急性或慢性有害健康影响的容许接触水平。化学因素的职业接触限值可分为时间加权平均容许浓度、最高容许浓度和短时间接触容许浓度三类。

（2）时间加权平

均容许浓度

时间加权平均容许浓度是指以时间为权数规定的8小时工作日的平均容许接触水平。

（3）最高容许浓度

最高容许浓度是指工作地点、在1个工作日内、任何时间不应超过的有毒化学物质的浓度。

（4）短时间接触容许浓度

短时间接触容许浓度是指1个工作日内，任何一次接触不得超过15分钟时间加权平均容许接触水平。

[相关链接]

应该采用正确的作业场所环境检测方法：

（1）物理因素监测

如噪声作用强度可以用噪声剂量计连续测定；热辐射强度用单向辐射热计和黑球温度计测定其作用强度。

（2）化学毒物监测

分为区域采样和个体采样两种方式。生物学检测有直接测试、间接测试等。

（3）生产性粉尘监测

目前我国生产性粉尘卫生标准有时间加权平均容许浓度、总粉尘浓度和呼吸性粉尘容许浓度，同时还要测定粉尘中的游离二氧化硅含量。

73. 职业病危害项目如何申报?

用人单位（煤矿除外）工作场所存在法定职业病目录所列职业病的危害因素的，应当及时、如实向所在地安全生产监督管理部门申报危害项目，并接受安全生产监督管理部门的监督

管理。煤矿职业病危害项目申报办法另有规定。

职业病危害项目，是指存在职业病危害因素的项目，职业病危害因素按照《职业病危害因素分类目录》确定。

职业病危害项目申报工作实行属地分级管理的原则。中央企业、省属企业及其所属用人单位的职业病危害项目，向其所在地设区的市级人民政府安全生产监督管理部门申报。规定以外的其他用人单位的职业病危害项目，向其所在地县级人民政府安全生产监督管理部门申报。

用人单位申报职业病危害项目时，应当提交《职业病危害项目申报表》和下列文件、资料：用人单位的基本情况；工作场所职业病危害因素种类、分布情况以及接触人数；法律、法规和规章规定的其他文件、资料。

职业病危害项目申报同时采取电子数据和纸质文本两种方式。用人单位应当首先通过“职业病危害项目申报系统”进行电子数据申报，同时将《职业病危害项目申报表》加盖公章并由本单位主要负责人签字后，按照规定，连同有关文件、资料一并上报所在地设区的市级、县级安全生产监督管理部门。受理申报的安全生产监督管理部门应当自收到申报文件、资料之日起5个工作日内，出具《职业病危害项目申报回执》。

[相关链接]

用人单位有下列情形之一的，应当按照规定向原申报机关申报变更职业病危害项目内容：

（1）进行新建、改建、扩建、技术改造或者技术引进建设项目的，自建设项目竣工验收之日起30日内进行申报；

（2）因技术、工艺、设备或者材料等发生变化导致原申报的职业病危害因素及其相关内容发生重大变化的，自发生变化之日起15日内进行申报；

（3）用人单位工作场所、名称、法定代表人或者主要负责人发生变化的，自发生变化之日起15日内进行申报；

（4）经过职业病危害因素检测、评价，发现原申报内容发生变化的，自收到有关检测、评价结果之日起15日内进行申报；

（5）用人单位终止生产经营活动的，应当自生产经营活动终止之日起15日内向原申报机关报告并办理注销手续。

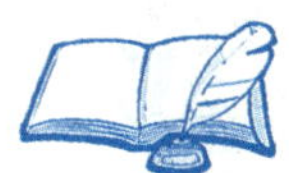

[法律提示]

《职业病危害项目申报办法》已经2012年3月6日国家安全生产监督管理总局局长办公会议审议通过，2012年4月27日国家安全生产监督管理总局令第48号公布，自2012年6月1日起施行。国家安全生产监督管理总局2009年9月8日公布的《作业场所职业危害申报管理办法》同时废止。

74. 安全生产监督管理部门有关职业病危害项目申报的职责有哪些？

（1）受理申报的安全生产监督管理部门应当建立职业病危害项目管理档案。职业病危害项目管理档案应当包括辖区内存在职业病危害因素的用人单位数量、职业病危害因素种类、行业及地区分布、接触人数等内容。

（2）安全生产监督管理部门应当依法对用人单位职业病危害项目申报情况进行抽查，并对职业病危害项目实施监督检查。

（3）安全生产监督管理部门及其工作人员应当保守用人单位商业秘密和技术秘密。违反有关保密义务的，应当承担相应

的法律责任。

（4）安全生产监督管理部门应当建立、健全举报制度，依法受理和查处有关用人单位违法行为的举报。

（5）任何单位和个人均有权向安全生产监督管理部门举报用人单位的违法行为。

[相关链接]

根据《职业病危害项目申报办法》，用人单位未按照规定及时、如实地申报职业病危害项目的，责令限期改正，给予警告，可以并处5万元以上10万元以下的罚款。

用人单位有关事项发生重大变化，未按照规定申报变更职业病危害项目内容的，责令限期改正，可以并处5 000元以上3万元以下的罚款。

《职业病危害项目申报表》《职业病危害项目申报回执》的式样由国家安全生产监督管理总局规定。

职业健康安全管理体系

75. 什么是职业健康安全管理体系?

职业健康安全管理体系，是指为建立职业健康安全方针和目标以及实现这些目标所制定的一系列相互联系或相互作用的要素，它是职业健康安全管理活动的一种方式。

职业健康安全管理体系的运行模式最主要的是爱德华·戴明的PDCA（即策划、实施、评价、改进）循环。在此模式的基础上并结合职业健康安全管理活动的特点、不同的职业健康安全管理体系标准提出了基本相似的职业健康安全管理体系运行模式，如ILO—OSH 2001的运行模式为方针、组织、计划与实施、评价、改进措施；OHSAS 18001的运行模式为职业健康安全方针、策划、实施与运行、检查与纠正措施、管理评审。

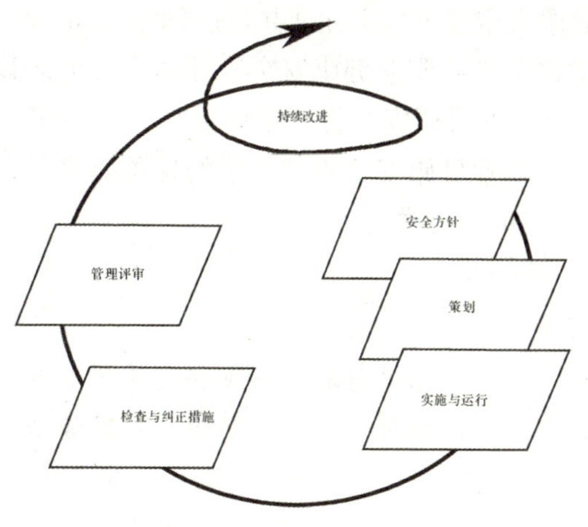

[相关链接]

国际标准化组织在1995年上半年开始职业卫生安全管理体系标准化工作，1996年英国颁布BS 8800《职业卫生安全管理体系指南》；美国工业卫生协会制定《职业卫生安全管理体系》指导性文件；1997年澳大利亚、西兰提出《职业卫生安全管理体系原则、体系和支持技术通用指南》草案；日本工业卫生安全协会（JISHA）提出《职业卫生安全管理体系导则》。

1999年英国标准协会（BSI）、挪威船级社（DNV）等13个组织发布职业卫生安全评价系列（OHSAS）标准：《职业卫生安全管理体系——规范》（OHSAS 18001）和《职业卫生安全管理体系——OHSAS 18001实施指南》（OHSAS 18002），2007年7月1日第二版标准OHSAS 18001—2007正式发布。

76. 职业健康安全管理体系标准有哪些基本要素?

职业健康安全管理体系标准共包括4个主要部分：范围、引用文件、术语定义和职业健康安全管理体系要求，其核心内容是第四部分：职业健康安全管理体系要求，其中一级要素6项，共18条要素。职业健康安全管理体系的18条要素，充分体现了管理体系PDCA的运行模式。

[相关链接]

1996年初我国开始进行职业健康安全管理体系标准的初步研究。1998年原劳动部劳动保护研究所和中国劳动保护科学技术学会提出了《职业卫生安全管理体系规范及使用指南》，1999年10月原国家经贸委颁布了《职业卫生安全管理体系试行标准》，2001年后国家标准局发布《职业健康安全管理体系规范》（GB/T 28001—2001）和《职业健康安全管理体系指南》（GB/T 28002—2002）。

目前，在我国许多企业建立和认证的职业健康安全管理体系都是依据国家标准和OHSAS 18001。

77. 职业健康安全管理体系建立与实施有哪几个主要步骤?

一个组织的职业健康安全管理体系建立一般包括3个阶段：第一是体系建立阶段，包括决策准备、标准培训、初始评审、体系策划和文件编写；第二是体系运行阶段，包括内部审核、管理评审；第三是认证审核阶段，即外部审核（在组织需要外部认证时）。

体系的实施应该有以下几个主要步骤：学习与培训，初始评审，体系策划，文件编写，体系试运行，评审完善。

[相关链接]

体系培训的对象主要分3个层次：管理层培训、内审员培训和全体员工的培训。管理层培训是体系建立的保证，内审员培训是建立和实施体系的关键，全体员工培训是体系建立和顺利

实施的根本。

试运行是指按照职业健康安全管理体系的要求开展相应的健康安全管理和活动，对职业健康安全管理体系进行试运行，以检验体系策划与文件化规定的充分性、有效性和适宜性。

78. 职业健康安全管理体系审核的类型有哪几种？

职业健康安全管理体系审核包括内部审核、管理评审和第三方认证审核（外部审核）。

内部审核是指组织确保按计划的时间间隔对职业健康安全管理体系进行的审核，主要作用是判定职业健康安全管理体系：是否符合职业健康安全管理的预定安排，包括标准的要求；是否得到了恰当的实施和保持；是否有效满足组织的方针和目标。内部审核最终要向管理层报告审核结果。

管理评审是指组织的最高管理者按计划的时间间隔，对职业健康安全管理体系进行评审，以确保其持续适宜性、充分性和有效性。管理评审应包括评价改进机会和对职业健康安全管理体系进行修改的需求，包括职业健康安全方针和目标的修改需求。管理评审应保存评审记录。

外部审核是指需要通过外部认证机构对组织的职业健康安全管理体系进行认证（或注册）的方式来证实其对标准的符合性，取得认证机构的认可并颁发证书。

[相关链接]

在职业健康安全管理体系运行初期，可进行初始评审。

初始评审是建立职业健康安全管理体系的基础工作，是评估和摸清职业健康安全管理现状的一种手段。初始评审的主要内容：收集、评价组织适用的法律、法规及其他要求；危险、有害因素辨识和风险评价，识别评价组织活动、产品和服务过程中的风险；评价所有现行职业健康安全管理和活动的符合性和有效性；对以往事故、事件的调查以及纠正、预防措施进行调查与评价。

79. 什么是职业健康安全管理体系认证?

职业健康安全管理体系认证是由认证机构依据审核准则，按规定程序和方法对受审核方的职业健康安全管理体系通过实施审核及认证评定，确认受审核方的职业健康安全管理体系的符合性及有效性，并颁发证书与标志的过程。

认证程序包括：组织提交书面申请→申请评审、合同评审→签订认证合同→任命审核组长、组建审核组→第一阶段审核→第二阶段审核→对纠正措施的跟踪验证→完成审核报告，做出推荐结论→认证评定→颁发认证证书→证后监督审核以保持认证→复评（有效期满）→换发认证证书。

[相关链接]

获得认证证书的单位，根据法规和标准的要求，在认证证

书有效期届满时，应重新提出认证申请，认证机构受理后，重新对用人单位进行的审核称为复评。

复评的目的是为了证实用人单位的职业健康安全管理体系持续满足职业健康安全管理体系审核标准的要求，且职业健康安全管理体系得到了很好的实施和保持。

[法律提示]

原国家经贸委颁发的《关于职业健康安全管理体系试行标准的通知》（国经贸安全[1999]447号）和《关于开展职业健康安全管理体系认证工作的通知》（国经贸安全[1999]983号），有效地推动了我国职业健康安全管理工作向科学化、标准化方向发展。

企业安全文化建设

80. 什么是企业安全文化?

一般意义上来说，安全文化是指个人和集体的价值观、态度、想法、能力和行为方式的综合产物，它取决于保障安全管理上的承诺、工作作风和精通程度。

从广义上来说，安全文化是指人类生存、繁衍和发展的过程中，在人类生产、生活及生存实践的一切领域内，为保障人类的身心安全与健康，并使其能舒适、高效地从事生产、生活活动，避免和消除伤亡事故和毒害、病痛，建立起安全可靠的人—机—环境和谐的运转体系，是一种特殊的文化和精神领域的文明氛围。

安全文化是人类文化的组成部分。安全文化在工业领域中的运用就成了企业安全文化，与行政或管理工作相结合就成了安全管理文化。把安全文化的内容引入不同的领域继承和创造，保障人的身心安全健康并使其能舒适、高效地从事创造性的生产的物质和精神形态的东西，均可称为某领域的安全文

化。安全文化其核心问题是保护人，与人—机—环境—技术系统密切相关。

[相关链接]

2005年2月28日，在国家安全生产监督局宣布升为国家安全生产监督管理总局的干部大会上，原总局局长李毅中首次提出，“搞好安全生产工作，要推进安全生产五要素到位”。其中，第一个要素就是安全文化。

81. 企业安全文化有哪些具体体现?

安全文化的表现形式有两个主要方面：一是体制，由企业的政策和管理者的活动所确定；二是各级人员适应体制并从中获益所持的态度。安全文化的成功也取决于这两方面的因素，即政策、管理方面的和每个人本身的承诺和能力。

安全文化还对体制中的不同层次，即决策层、管理层和从业人员个体，就他们在安全上所承担的不同的责任和义务进行了明确而具体的划分。

企业安全文化建设效果应该体现在以下几个方面：

（1）反映本企业在安全生产方面的一般和特殊要求，目前安全生产方面的科学技术水平及其在生产中的应用；

（2）整个企业形成对安全生产的共识，创造一种人人重视安全生产的环境氛围；

（3）反映企业安全生产的管理水平，包括安全生产的法律、法规执行情况，安全规章和各种技术标准的制定与执行情况；

（4）全体员工对一般安全生产知识的了解和对安全技术的掌握程度，每一位员工应熟悉自己所从事的工作及其相关领域的安全技术和知识。

[相关链接]

企业安全文化还具体体现在安全生产的思维方式在企业每个员工中已铭刻在脑海，安全生产的意识已深入人心，是生产与经营者自然会按照安全生产操作规程办事，人人都是安全员，人人都会从保护自己、保护他人、保护企业财产的角度思考问题。

82. 安全文化建设中的教育活动主要有哪几种方式？

（1）新入厂员工的“三级安全教育”

新入厂的员工在进入工作岗位之前，必须进行厂、车间、班组三个级别的劳动保护和安全生产知识的初步教育，以减少和避免他们由于安全生产技术知识点缺乏而造成的各种人身伤害事故。

（2）特种作业人员的安全生产教育

特种作业人员的培训有两种形式：一是岗前培训，一般集中进行，以提高特种作业人员的操作技术，并严把考试关，只对考试合格者才能颁发操作证，准许上岗作业；二是在岗管理，即对所有取得操

作证的特种作业人员，在生产中要加强安全生产监督和实施管理措施。

（3）其他安全教育形式

主要包括：经常性的安全教育，安全“继续教育”工程，“四新”教育和变换工种安全教育。

[相关链接]

特种作业，是指容易发生人员伤亡事故，对操作者本人、他人及周围设施的安全有重大危害的作业。

“四新”教育，是指采用新工艺、新材料、新设备、新产品时或工人调换工种时，进行新操作方法和新工作岗位的安全教育。

[法律提示]

《安全生产法》第二十七条规定：“生产经营单位的特种作业人员必须按照国家有关规定经专门的安全作业培训，取得特种作业操作资格证书，方可上岗作业。

特种作业人员的范围由国务院负责安全生产监督管理的部门会同国务院有关部门确定。”

83. 如何建设企业安全文化？

企业应该从以下几个方面进行安全文化建设：

（1）安全物质文化的建设

安全物质文化的建设是指通过采用先进、高效的生产工艺技术，安全性高的生产设备，灵敏可靠的预警和防护体系，快捷的事故应急救援体系，现代化的安全检验和环境检测系统，先进的人—机—环境信息管理技术，打造本质安全。

（2）安全制度文化的建设

安全制度文化的建设包括对于落实企业责任的，国家法规的认识和理解，自身安全制度和标准体系的建设等方面。

（3）安全精神文化的建设

安全精神文化是包括价值观、行为准则、信念意识、态度、社会知觉、士气等思想、观点、精神层次上的个体和团体行为、活动的理论基础。安全精神文化建设最基础的就是要将“安全第一，预防为主”的意识同从业人员的精神紧密地结合起来，随时从本能上警惕安全生产事故的发生。

（4）安全行为文化的建设

安全行为文化的建设包括领导安全生产行为的建设和从业人员及家属安全行为的建设。领导安全行为的建设是指改善领导对安全生产工作的关心和态度，在行动上实践安全生产责任制；从业人员的安全行为的建设包括对职工的教育、宣传、班组建设等，使其提高安全意识，掌握安全生产技术，熟悉安全生产知识。

[法律提示]

《安全生产法》第十一条规定：“各级人民政府及其有关部门应当采取多种形式，加强对有关安全生产的法律、法规和

安全生产知识的宣传，提高职工的安全生产意识。”

84. 企业安全文化活动的具体内容有哪些?

企业安全文化活动的具体内容应该包括以下几个方面：

（1）安全教育活动；

（2）安全科技活动；

（3）安全管理活动；

（4）安全宣传活动；

（5）安全检查活动。

[知识学习]

安全宣传活动一般包括：

（1）标志建设

通过安全标语、安全标志、事故警示牌等对企业从业人员进行宣传、警示、强化意识的教育。

（2）传统的宣传活动

如安全宣传墙报、安全生产周（月）、安全竞赛活动、安全演讲、事故报告会等。

（3）现代的宣传活动

如安全文艺、安全文化宣传月、事故教训日、安全贺年（节）、青年安全宣传活动等。

事故报告和调查处理

85. 生产安全事故等级是如何划分的？

根据造成的人员伤亡或者直接经济损失，生产安全事故（以下简称事故）一般分为以下等级：

（1）特别重大事故

是指造成30人以上死亡，或者100人以上重伤（包括急性工业中毒，下同），或者1亿元以上直接经济损失的事故。

（2）重大事故

是指造成10人以上30人以下死亡，或者50人以上100人以下重伤，或者5 000万元以上1亿元以下直接经济损失的事故。

（3）较大事故

是指造成3人以上10人以下死亡，或者10人以上50人以下重伤，或者1 000万元以上5 000万元以下直接经济损失的事故。

（4）一般事故

是指造成3人以下死亡，或者10人以下重伤，或者1 000万元

以下直接经济损失的事故。

上面规定的“以上”包括本数，“以下”不包括本数。

[法律提示]

《安全生产法》第八十三条的规定：“事故调查处理应当按照科学严谨、依法依规、实事求是、注重实效的原则，及时、准确地查清事故原因，查明事故性质和责任，总结事故教训，提出整改措施，并对事故责任者提出处理意见。事故调查报告应当依法及时向社会公布。事故调查和处理的具体办法由国务院制定。”

根据目前我国有关法律、法规的规定，生产事故的调查和处理依据《生产安全事故报告和调查处理条例》（国务院令第493号）有关规定进行，《特别重大事故调查程序暂行规定》（国务院34号令）、《企业职工伤亡事故报告和处理规定》（国务院75号令）已经于2007年6月1日废止。

86. 生产安全事故报告的基本程序是什么？

（1）事故发生单位向政府职能部门报告

《生产安全事故报告和调查处理条例》规定，事故发生单位立即向法定的有关人民政府职能部门报告。

（2）政府部门报告的程序

特别重大事故、重大事故逐级上报至国务院安全生产监督管理部门和负有安全生产监督管理职责的有关部门。

较大事故逐级上报至省、自治区、直辖市人民政府安全生产监督管理部门和负有安全生产监督管理职责的有关部门。一般事故逐级上报至设区的市级安全生产监督管理部门和负有安全生产监督管理职责的有关部门。

（3）越级报告

事故发生单位越级报告。情况紧急时，事故现场有关人员可以直接向事故发生地县级以上人民政府安全生产监督管理部门和负有安全生产监督管理职责的有关部门报告。

安全生产监督管理部门和有关部门越级报告。必要时，安全生产监督管理部门和负有安全生产监督管理职责的有关部门可以越级上报事故情况。

（4）续报和补报

事故报告后出现新情况，事故发生单位和安全生产监督管理部门和负有安全生产监督管理职责的有关部门应当及时续报。自事故发生之日起30日内，事故造成的伤亡人数发生变化的，事故发生单位和安全生产监督管理部门以及负有安全生产监督管理职责的有关部门应当及时补报。

[法律提示]

《生产安全事故报告和调查处理条例》第十条规定："安全生产监督管理部门和负有安全生产监督管理职责的有关部门接到事故报告后，应当依照规定上报事故情况，并通知公安机关、劳动保障行政部门、工会和人民检察院。"

87. 生产安全事故报告的时限是如何规定的?

（1）事故发生单位事故报告的时限

从事故发生单位负责人接到事故报告时起算，该单位向政府职能部门报告的时限是1小时。

（2）政府职能部门事故报告的时限

县级以上人民政府安全生产监督管理部门和负有安全生产监督管理职责的有关部门向上一级人民政府安全生产监督管理

部门和负有安全生产监督管理职责的有关部门逐级报告事故的时限，是每级上报的时间不得超过2小时。安全生产监督管理部门和负有安全生产监督管理职责的有关部门逐级上报事故情况的同时，应当报告本级人民政府。

（3）法定事故报告时限的界定

《生产安全事故报告和调查处理条例》关于事故报告的法定时限，从事故发生单位发现事故发生和有关人民政府职能部门接到事故报告时起算。超过法定时限（没有正当理由）报告事故的，为迟报事故承担相应法律责任，但是遇有不可抗力的情况并有证据证明的除外。例如，因通信中断、交通阻断或者其他自然原因致使事故信息等情况不能按时报送的，其报告时限可以适当延长。

[法律提示]

《生产安全事故报告和调查处理条例》第十三条规定："事故报告后出现新情况的，应当及时补报。自事故发生之日起30日内，事故造成的伤亡人数发生变化的，应当及时补报。道路交通事故、火灾事故自发生之日起7日内，事故造成的伤亡人数发生变化的，应当及时补报。"

88. 生产安全事故报告应该包括哪些内容?

《生产安全事故报告和调查处理条例》第十二条规定，事故报告应当包括下列内容：

（1）事故发生单位概况；

（2）事故发生的时间、地点以及事故现场情况；

（3）事故的简要经过；

（4）事故已经造成或者可能造成的伤亡人数（包括下落不明的人数）和初步估计的直接经济损失；

（5）已经采取的措施；

（6）其他应当报告的情况。

[相关链接]

安全生产监督管理部门和负有安全生产监督管理职责的有关部门应当建立值班制度，并向社会公布值班电话，受理事故报告和举报。

89. 事故调查的基本原则是什么?

根据《生产安全事故报告和调查处理条例》规定，事故调查工作必须坚持以下原则：

（1）实事求是的原则

事故调查工作必须坚持实事求是，克服主观主义，做到客观、公正。一是必须全面、彻底查清生产安全事故的原因，不得夸大事故事实或者缩小事故事实，更不得弄虚作假；二是在认定事故性质、分析事故责任时一定要从实际出发，要在查明事故原因的基础上，根据实际情况明确事故责任；三是在提出对事故责任者的处理意见时，一定要实事求是，不得从主观出发，不能感情用事，要坚持以事实为依据，以法律为准绳，要根据事故责任划分，按照法律、法规和国家有关规定对事故责任人提出处理意见；四是总结事故教训，要准确、全面，落实整改措施要坚决、彻底。

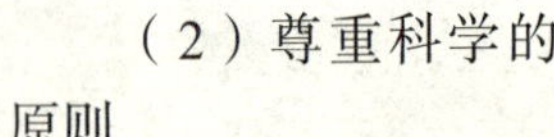

（2）尊重科学的原则

生产安全事故调查工作具有很强的科学性和技术性，特别是事故原因的调查，往往需要做很多技术上的分析和研究，利用很多技术手段，如进行技术鉴定或实验等。尊重科学，一是要有科学的态度，不主观臆断，不轻易下结论，防止个人意识主导，杜绝心理偏好，努力做到客观、公正；二是要特别注意充分发挥专家和技术人员的作用，把对事故原因的查明，事故责任的分析、认定建立在科学的基础上。

[法律提示]

《生产安全事故报告和调查处理条例》第四条规定："事故报告应当及时、准确、完整，任何单位和个人对事故不得迟报、漏报、谎报或者瞒报。

事故调查处理应当坚持实事求是、尊重科学的原则，及时、准确地查清事故经过、事故原因和事故损失，查明事故性质，认定事故责任，总结事故教训，提出整改措施，并对事故责任者依法追究责任。”

90. 在事故调查中如何划分职责?

（1）特别重大事故的调查

特别重大事故由国务院或者国务院授权的部门组织事故调查组进行调查，事故调查组组长既可以由国务院有关领导同志担任，也可以由国务院指定有关部门负责同志担任。

（2）重大事故以下等级事故的调查

1）根据《生产安全事故报告和调查处理条例》第十九条的有关规定，重大事故、较大事故、一般事故分别由事故发生地省级人民政府、设区的市级人民政府、县级人民政府负责调查。省级人民政府、设区的市级人民政府、县级人民政府可以直接组成事故调查组进行调查，也可以授权或者委托有关部门组织事故调查组进行调查。未造成人员伤亡的事故，县级人民政府也可以委托事故发生单位组织事故调查组进行调查。

2）煤矿事故的调查。煤矿发生重大事故，由省级煤矿安全监察机构组织事故调查组进行调查，省级人民政府及其有关部门参加调查；发生较大事故、一般事故，由负责监察事故发生地的煤矿安全监察分局组织事故调查组进行调查，有关地方政府和有关部门参加调查。

3）跨行政区域发生的事故的调查。特别重大事故以下等级事故，事故发生地与事故发生单位不在同一个县级以上行政区域的，由事故发生地人民政府负责调查，事故发生单位所在地人民政府应当派人参加。

（3）上级政府可以调查下级政府负责调查的事故

上级人民政府认为必要时，可以调查由下级人民政府负责调查的事故。

（4）因事故伤亡人数变化导致事故等级发生变化的事故的调查

自事故发生之日起30日内（道路交通事故、火灾事故自发生之日起7日内），因事故伤亡人数变化导致事故等级发生变化，依照《生产安全事故报告和调查处理条例》规定应当由上级人民政府负责调查的，上级人民政府可以另行组织事故调查组进行调查。

[法律提示]

我国生产安全事故调查工作实行“政府统一领导、分级负责”的原则，考虑到火灾、道路交通、水上交通等行业或者领域的事故调查处理已有专门法律、行政法规，《生产安全事故报告和调查处理条例》第四十五条规定：“特别重大事故以下等级事故的报告和调查处理，有关法律、行政法规或者国务院另有规定的，依照其规定。”

91. 事故调查组的职责和权利有哪些?

根据《生产安全事故报告和调查处理条例》的有关规定，事故调查组履行下列职责：查明事故发生的经过，查明事故发生的直接原因和间接原因，查明人员伤亡情况，查明事故的直接经济损失，认定事故的性质和事故责任，提出对事故责任者的处理建议，总结事故教训，提出事故防范措施和整改意见，提交事故调查报告。

根据《生产安全事故报告和调查处理条例》第二十六条的规定，事故调查组在履行事故调查职责时有以下权利：有权向有关单位和个人了解与事故有关的情况；有权获得相关文件、资料；事故调查组在事故调查中发现涉嫌犯罪的，可及时将有关材料或者其复印件移交司法机关处理。

[相关链接]

根据事故的具体情况，事故调查组由有关人民政府、安全生产监督管理部门、负有安全生产监督管理职责的有关部门、监察机关、公安机关以及工会派人组成。

92. 事故调查报告应包括哪些主要内容?

事故调查报告应当包括下列内容：

（1）事故发生单位概况；

（2）事故发生经过和事故应急救援情况；

（3）事故造成的人员伤亡和直接经济损失；

（4）事故发生的原因和事故性质；

（5）事故责任的认定以及对事故责任者的处理建议；

（6）事故防范和整改措施。

事故调查报告应当附具有关证据材料。事故调查组所有成员应当在事故调查报告上签名。

[相关链接]

事故调查报告是全面、准确地反映事故调查结果或者结论的法定文书，是有关人民政府做出事故批复的主要依据。事故调查组应当依照《生产安全事故报告和调查处理条例》的规定，在法定时限内向有关人民政府提交经事故调查组全体成员签名的事故调查报告。事故调查报告具有法定的证明力，事故调查组应当对其真实性、准确性、合法性负责。

93. 有关事故责任追究在法律上是如何规定的?

《安全生产法》对安全生产责任及其追究有具体而明确的规定。

第八十七条：负有安全生产监督管理职责的部门的工作人员，有下列行为之一的，给予降级或者撤职的处分；构成犯罪的，依照刑法有关规定追究刑事责任：

（1）对不符合法定安全生产条件的涉及安全生产的事项予以批准或者验收通过的。

（2）发现未依法取得批准、验收的单位擅自从事有关活动或者接到举报后不予取缔或者不依法予以处理的。

（3）对已经依法取得批准的单位不履行监督管理职责，发现其不再具备安全生产条件而不撤销原批准或者发现安全生产违法行为不予查处的。

（4）在监督检查中发现重大事故隐患，不依法及时处理的。

负有安全生产监督管理职责的部门的工作人员有前款规定以外的滥用职权、玩忽职守、徇私舞弊行为的，依法给予处分；构成犯罪的，依照刑法有关规定追究刑事责任。

第八十八条：负有安全生产监督管理职责的部门，要求被审查、验收的单位购买其指定的安全设备、器材或者其他产品的，在对安全生产事项的审查、验收中收取费用的，由其上级机关或者监察机关责令改正，责令退还收取的费用；情节严重的，对直接负责的主管人员和其他直接责任人员依法给予处分。

第八十九条：承担安全评价、认证、检测、检验工作的机构，出具虚假证明的，没收违法所得；违法所得在十万元以上的，并处违法所得二倍以上五倍以下的罚款；没有违法所得或者违法所得不足十万元的，单处或者并处十万元以上二十万元以下的罚款；对其直接负责的主管人员和其他直接责任人员处二万元以上五万元以下的罚款；给他人造成损害的，与生产经营单位承担连带赔偿责任；构成犯罪的，依照刑法有关规定追究刑事责任。

对有前款违法行为的机构，吊销其相应资质。

第九十条：生产经营单位的决策机构、主要负责人或者个人经营的投资人不依照本法规定保证安全生产所必需的资金投入，致使生产经营单位不具备安全生产条件的，责令限期改正，提供必需的资金；逾期未改正的，责令生产经营单位停产停业整顿。

有前款违法行为，导致发生生产安全事故的，对生产经营

单位的主要负责人给予撤职处分，对个人经营的投资人处二万元以上二十万元以下的罚款；构成犯罪的，依照刑法有关规定追究刑事责任。

第九十一条：生产经营单位的主要负责人未履行本法规定的安全生产管理职责的，责令限期改正；逾期未改正的，处二万元以上五万元以下的罚款，责令生产经营单位停产停业整顿。

生产经营单位的主要负责人有前款违法行为，导致发生生产安全事故的，给予撤职处分；构成犯罪的，依照刑法有关规定追究刑事责任。

生产经营单位的主要负责人依照前款规定受刑事处罚或者撤职处分的，自刑罚执行完毕或者受处分之日起，五年内不得担任任何生产经营单位的主要负责人；对重大、特别重大生产安全事故负有责任的，终身不得担任本行业生产经营单位的主要负责人。

第九十二条：生产经营单位的主要负责人未履行本法规定的安全生产管理职责，导致发生生产安全事故的，由安全生产监督管理部门依照下列规定处以罚款：

（1）发生一般事故的，处上一年年收入百分之三十的罚款。

（2）发生较大事故的，处上一年年收入百分之四十的罚款。

（3）发生重大事故的，处上一年年收入百分之六十的罚款。

（4）发生特别重大事故的，处上一年年收入百分之八十的罚款。

第九十三条：生产经营单位的安全生产管理人员未履行本

法规定的安全生产管理职责的，责令限期改正；导致发生生产安全事故的，暂停或者撤销其与安全生产有关的资格；构成犯罪的，依照刑法有关规定追究刑事责任。

第九十四条：生产经营单位有下列行为之一的，责令限期改正，可以处五万元以下的罚款；逾期未改正的，责令停产停业整顿，并处五万元以上十万元以下的罚款，对其直接负责的主管人员和其他直接责任人员处一万元以上二万元以下的罚款：

（1）未按照规定设置安全生产管理机构或者配备安全生产管理人员的。

（2）危险物品的生产、经营、储存单位以及矿山、金属冶炼、建筑施工、道路运输单位的主要负责人和安全生产管理人员未按照规定经考核合格的。

（3）未按照规定对从业人员、被派遣劳动者、实习学生进行安全生产教育和培训，或者未按照规定如实告知有关的安全生产事项的。

（4）未如实记录安全生产教育和培训情况的。

（5）未将事故隐患排查治理情况如实记录或者未向从业人员通报的。

（6）未按照规定制定生产安全事故应急救援预案或者未定期组织演练的。

（7）特种作业人员未按照规定经专门的安全作业培训并取得相应资格，上岗作业的。

第九十五条：生产经营单位有下列行为之一的，责令停止建设或者停产停业整顿，限期改正；逾期未改正的，处五十万元以上一百万元以下的罚款，对其直接负责的主管人员和其他直接责任人员处二万元以上五万元以下的罚款；构成犯罪的，

依照刑法有关规定追究刑事责任：

（1）未按照规定对矿山、金属冶炼建设项目或者用于生产、储存、装卸危险物品的建设项目进行安全评价的。

（2）矿山、金属冶炼建设项目或者用于生产、储存、装卸危险物品的建设项目没有安全设施设计或者安全设施设计未按照规定报经有关部门审查同意的。

（3）矿山、金属冶炼建设项目或者用于生产、储存、装卸危险物品的建设项目的施工单位未按照批准的安全设施设计施工的。

（4）矿山、金属冶炼建设项目或者用于生产、储存危险物品的建设项目竣工投入生产或者使用前，安全设施未经验收合格的。

第九十六条：生产经营单位有下列行为之一的，责令限期改正，可以处五万元以下的罚款；逾期未改正的，处五万元以上二十万元以下的罚款，对其直接负责的主管人员和其他直接责任人员处一万元以上二万元以下的罚款；情节严重的，责令停产停业整顿；构成犯罪的，依照刑法有关规定追究刑事责任：

（1）未在有较大危险因素的生产经营场所和有关设施、设备上设置明显的安全警示标志的。

（2）安全设备的安装、使用、检测、改造和报废不符合国家标准或者行业标准的。

（3）未对安全设备进行经常性维护、保养和定期检测的。

（4）未为从业人员提供符合国家标准或者行业标准的劳动防护用品的。

（5）危险物品的容器、运输工具，以及涉及人身安全、危险性较大的海洋石油开采特种设备和矿山井下特种设备未经具有专业资质的机构检测、检验合格，取得安全使用证或者安全标志，投入使用的。

（6）使用应当淘汰的危及生产安全的工艺、设备的。

第九十七条：未经依法批准，擅自生产、经营、运输、储存、使用危险物品或者处置废弃危险物品的，依照有关危险物品安全管理的法律、行政法规的规定予以处罚；构成犯罪的，依照刑法有关规定追究刑事责任。

第九十八条：生产经营单位有下列行为之一的，责令限期改正，可以处十万元以下的罚款；逾期未改正的，责令停产停业整顿，并处十万元以上二十万元以下的罚款，对其直接负责的主管人员和其他直接责任人员处二万元以上五万元以下的罚款；构成犯罪的，依照刑法有关规定追究刑事责任：

（1）生产、经营、运输、储存、使用危险物品或者处置废弃危险物品，未建立专门安全管理制度、未采取可靠的安全措施的。

（2）对重大危险源未登记建档，或者未进行评估、监控，或者未制定应急预案的。

（3）进行爆破、吊装以及国务院安全生产监督管理部门会同国务院有关部门规定的其他危险作业，未安排专门人员进行现场安全管理的。

（4）未建立事故隐患排查治理制度的。

第九十九条：生产经营单位未采取措施消除事故隐患的，责令立即消除或者限期消除；生产经营单位拒不执行的，责令停产停业整顿，并处十万元以上五十万元以下的罚款，对其直接负责的主管人员和其他直接责任人员处二万元以上五万元以下的罚款。

第一百条：生产经营单位将生产经营项目、场所、设备

发包或者出租给不具备安全生产条件或者相应资质的单位或者个人的，责令限期改正，没收违法所得；违法所得十万元以上的，并处违法所得二倍以上五倍以下的罚款；没有违法所得或者违法所得不足十万元的，单处或者并处十万元以上二十万元以下的罚款；对其直接负责的主管人员和其他直接责任人员处一万元以上二万元以下的罚款；导致发生生产安全事故给他人造成损害的，与承包方、承租方承担连带赔偿责任。

生产经营单位未与承包单位、承租单位签订专门的安全生产管理协议或者未在承包合同、租赁合同中明确各自的安全生产管理职责，或者未对承包单位、承租单位的安全生产统一协调、管理的，责令限期改正，可以处五万元以下的罚款，对其直接负责的主管人员和其他直接责任人员可以处一万元以下的罚款；逾期未改正的，责令停产停业整顿。

第一百零一条：两个以上生产经营单位在同一作业区域内进行可能危及对方安全生产的生产经营活动，未签订安全生产管理协议或者未指定专职安全生产管理人员进行安全检查与协调的，责令限期改正，可以处五万元以下的罚款，对其直接负责的主管人员和其他直接责任人员可以处一万元以下的罚款；逾期未改正的，责令停产停业。

第一百零二条：生产经营单位有下列行为之一的，责令限期改正，可以处五万元以下的罚款，对其直接负责的主管人员和其他直接责任人员可以处一万元以下的罚款；逾期未改正的，责令停产停业整顿；构成犯罪的，依照刑法有关规定追究刑事责任：

（1）生产、经营、储存、使用危险物品的车间、商店、仓库与员工宿舍在同一座建筑内，或者与员工宿舍的距离不符合安全要求的。

（2）生产经营场所和员工宿舍未设有符合紧急疏散需要、标志明显、保持畅通的出口，或者锁闭、封堵生产经营场所或者员工宿舍出口的。

第一百零三条：生产经营单位与从业人员订立协议，免除或者减轻其对从业人员因生产安全事故伤亡依法应承担的责任的，该协议无效；对生产经营单位的主要负责人、个人经营的投资人处二万元以上十万元以下的罚款。

第一百零四条：生产经营单位的从业人员不服从管理，违反安全生产规章制度或者操作规程的，由生产经营单位给予批评教育，依照有关规章制度给予处分；构成犯罪的，依照刑法有关规定追究刑事责任。

第一百零五条：违反本法规定，生产经营单位拒绝、阻碍负有安全生产监督管理职责的部门依法实施监督检查的，责令改正；拒不改正的，处二万元以上二十万元以下的罚款；对其直接负责的主管人员和其他直接责任人员处一万元以上二万元以下的罚款；构成犯罪的，依照刑法有关规定追究刑事责任。

第一百零六条：生产经营单位的主要负责人在本单位发生生产安全事故时，不立即组织抢救或者在事故调查处理期间擅离职守或者逃匿的，给予降级、撤职的处分，并由安全生产监督管理部门处上一年年收入百分之六十至百分之一百的罚款；对逃匿的处十五日以下拘留；构成犯罪的，依照刑法有关规定追究刑事责任。

生产经营单位的主要负责人对生产安全事故隐瞒不报、谎报或者迟报的，依照前款规定处罚。

第一百零七条：有关地方人民政府、负有安全生产监督管理职责的部门，对生产安全事故隐瞒不报、谎报或者迟报的，对直接负责的主管人员和其他直接责任人员依法给予处分；构

成犯罪的，依照刑法有关规定追究刑事责任。

第一百零八条：生产经营单位不具备本法和其他有关法律、行政法规和国家标准或者行业标准规定的安全生产条件，经停产停业整顿仍不具备安全生产条件的，予以关闭；有关部门应当依法吊销其有关证照。

第一百零九条：发生生产安全事故，对负有责任的生产经营单位除要求其依法承担相应的赔偿等责任外，由安全生产监督管理部门依照下列规定处以罚款：

（1）发生一般事故的，处二十万元以上五十万元以下的罚款。

（2）发生较大事故的，处五十万元以上一百万元以下的罚款。

（3）发生重大事故的，处一百万元以上五百万元以下的罚款。

（4）发生特别重大事故的，处五百万元以上一千万元以下的罚款；情节特别严重的，处一千万元以上二千万元以下的罚款。

第一百一十条：本法规定的行政处罚，由安全生产监督管理部门和其他负有安全生产监督管理职责的部门按照职责分工决定。予以关闭的行政处罚由负有安全生产监督管理职责的部门报请县级以上人民政府按照国务院规定的权限决定；给予拘留的行政处罚由公安机关依照《治安管理处罚法》的规定决定。

第一百一十一条：生产经营单位发生生产安全事故造成人员伤亡、他人财产损失的，应当依法承担赔偿责任；拒不承担或者其负责人逃匿的，由人民法院依法强制执行。

生产安全事故的责任人未依法承担赔偿责任，经人民法院依法采取执行措施后，仍不能对受害人给予足额赔偿的，应当继续履行赔偿义务；受害人发现责任人有其他财产的，可以随时请求人民法院执行。

安全生产统计

94. 职业卫生常用的统计指标有哪些?

（1）发病（中毒）率

发病率（中毒率）是指在观察期内，可能发生某种疾病（或中毒）的一定人群中新发生该病（中毒）的频率。发病率（中毒率）是反映某病（中毒）在人群中发生频率大小的指标，常用于衡量疾病的发生，研究疾病发生的因果关系和评价预防措施的效果。

（2）患病率

表示在某时点检查时可能发生某病的一定人群中患有某病的病人总数。这一指标最适用于病程较长的疾病的统计研究，用于衡量疾病的存在，反映某病在一定人群中的流行规模或水平。

（3）病死率

在规定的观察时间内，某病患者中因该病而死亡的频率。但是某一地区某病病死率包括该地区所有患该病的病人，故医院的病死率不能代表地区的病死率。

（4）粗死亡率

也称普通死亡率，是指某年平均每千名人口中的死亡数。粗死亡率和粗出生率一样，具有资料易获得、计算简单的优点，但其高低受人口年龄构成的影响，故只能粗略地反映人口的死亡水平，不能用来衡量和评价一个国家的卫生文化水平。

[相关链接]

以上4个职业卫生统计指标的计算公式分别是：

$$某病发病率（中毒率）=\frac{同期内新发期内新发生例数}{观察期内可能发生某病（中毒）的平均人口数}\times 100\%$$

$$某病患病率=\frac{检查时发现的现患某病病例总数}{该时点受检人口数}\times 100\%$$

$$某病病死率=\frac{同期因该病死亡人数}{观察期间内某病患者数}\times 100\%$$

$$粗死亡率=\frac{同年死亡总数}{某年平均人口数}\times 1\,000‰$$

95. 如何设计职业卫生调查?

根据调查目的和要求，职业卫生调查有以下几种：

（1）普查

普查是指对总体中所有的观察单位进行调查，一般用于了解总体在某一特定“时点”上的情况，如时点患病率。适用范围是：发病率较高的疾病；具有灵敏度和特异度较高的检查或诊断方法。

（2）抽样调查

抽样调查是医学研究中最常用的方法，是通过随机抽样的方式从总体中随机抽取一定数量具有代表性的观察单位组成的样本进行调查，然后根据样本信息来推断总体特征。

（3）典型调查

典型调查也称案例调查。即在对事物进行全面了解的基础上，有目的地选择典型的人和单位进行调查。如调查几个卫生先进或落后单位，用于总结经验与教训。

[相关链接]

调查设计的特点是：研究过程中没有人为的干预，客观地观察记录某些现象的现状及其相关特征；在调查中，欲研究的现象及其相关特征是客观存在的，不能采用随机分配的方法来平衡或消除非研究因素对研究结果的影响，这是调查研究区别于实验研究的重要特征；混杂因素的控制常借助于标准化法、分层分析、多因素统计分析等方法；调查研究多采用问卷调查，容易产生误差和偏差，应特别注意设计技巧和质量控制。

96. 常用的职业卫生统计分析方法有哪些？

（1）计量资料的统计分析

计量资料可采用集中趋势和离散趋势指标计算，如t检验、u检验、方差分析、秩和检验、相关与回归。常用的是t检验和u检验。

t检验和u检验就是统计量为t和u的假设检验，两者均是常见的计量资料假设检验方法。当样本含量n较大（如$n>30$）时，样本均数符合正态分布，故可用u检验进行分析。当样本含量n较小时，若观察值x符合正态分布，则用t检验；当x为未知分布时，应采用秩和检验。

（2）计数资料的统计分析

计数资料可采用的分析方法有相对数计算、二项分布、x_2检验。x_2检验是用途很广的一种假设检验方法。

[相关链接]

通过样本信息来推断总体特征称为统计推断。参数估计和假设检验是统计推断的两个重要方面：

（1）参数估计

通过样本估计总体特征，包括点值估计和区间估计两种方法。

（2）假设检验

用来判断样本与样本，样本与总体的差异是由抽样误差引起还是本质差别造成的统计推断方法。

97. 事故统计分哪几个主要步骤？

事故统计工作一般分为：

（1）资料收集

资料收集又称统计调查，是根据事故统计的目的和任务，制订调查方案，确定调查对象和单位，拟定调查项目和表格，并按照事故统计工作的性质，选定方法。

（2）资料整理

资料整理又称统计汇总，是将收集的事故资料进行审核、汇总，并根据事故统计的目的和要求计算有关数值。

（3）综合分析

综合分析是指将汇总整理的资料及有关数值，填入统计表或绘制统计图，使大量的零星资料系统化、条理化、科学化，是统计工作的结果。

[法律提示]

2012年7月16日，国家安全生产监督管理总局发布通知，《生产安全事故统计报表制度》已经国家统计局同意，即日起实施。原《生产安全事故统计报表制度》是从2010年4月1日起施行的，新制度实施时，原制度同时废止。

新公布的报表制度中“主要指标解释”一节增加了对“危险化学品事故”“烟花爆竹事故”“冶金机械”等指标的具体解释；并增加了“事故统计有关规定”一节，对事故统计认

定、事故统计划分、事故统计核销程序等进行了详细解释。

98. 我国生产安全事故统计指标体系分哪几大类?

我国现行的生产安全事故统计指标体系，分为4个大类：

（1）综合类伤亡事故统计指标体系

综合类伤亡事故统计指标体系包括事故起数、死亡事故起数、死亡人数、受伤人数、直接经济损失、重大事故起数、重大事故死亡人数、特大事故起数、特大事故死亡人数、特别重大事故起数、特别重大事故死亡人数、重大事故率、特大事故率。

（2）工矿企业类伤亡事故统计指标体系

工矿企业类伤亡事故统计指标体系包括煤矿企业伤亡事故统计指标、金属和非金属矿企业（原非煤矿山企业）伤亡事故统计指标、工商企业（原非矿山企业）伤亡事故统计指标、建筑业伤亡事故统计指标、危险化学品伤亡事故统计指标、烟花爆竹伤亡事故统计指标。

这6类统计指标均包含伤亡事故起数、死亡事故起数、死亡人数、重伤人数、轻伤人数、直接经济损失、损失工作日、重大事故起数、重大事故死亡人数、特大事故起数、特大事故死亡人数、特别重大事故起数、特别重大事故死亡人数、千人死亡率、千人重伤率、百万工时死亡率、重大事故率、特大事故率。另外，煤矿企业伤亡事故统计指标还包含百万吨死亡率。

（3）行业类统计指标体系

行业类统计指标体系包括道路交通事故统计指标，火灾事故统计指标，水上交通事故统计指标，铁路交通事故统计指标，民航飞行事故统计指标，农机事故统计指标，渔业船舶事故统计指标。

（4）地区安全评价类统计指标体系

该体系包括死亡事故起数、死亡人数、直接经济损失、重大事故起数、重大事故死亡人数、特大事故起数、特大事故死亡人数、特别重大事故起数、特别重大事故死亡人数、亿元国内生产总值（GDP）死亡率、十万人死亡率。

[知识学习]

$$亿元国内生产总值（GDP）死亡率=\frac{死亡人数}{国内生产总值（元）}\times 10^8$$

$$十万人死亡率=\frac{死亡人数}{地区总人口}\times 10^5$$

99. 如何做好伤亡事故统计工作?

做好事故的统计工作，最基本的要求就是统计的数字要全面、准确，没有遗漏。为此，要建立、健全有关事故统计的规章制度，并严格照章办事。同时，要和其他有关部门及有关生产经营单位密切配合、加强监督检查，防止个别生产经营单

位瞒报或者谎报事故。应从以下几个方面努力做好伤亡统计工作：

（1）要建立、健全责任明确、运转有序的工作机制；

（2）要明确统计工作要求；

（3）要做好相关资料的收集；

（4）要对资料进行整理；

（5）建立、健全伤亡事故管理数据库；

（6）要强化分析，切实发挥事故统计工作的导向作用。

[相关链接]

常用的几种伤亡统计方法有：综合分析法、分组分析法、算术平均法、相对指标比较法、统计图表法等。常用的伤亡统计图有：趋势图（折线图）、柱状图、饼图、排列图和控制图等。

100. 伤亡事故经济损失如何计算?

伤亡事故经济损失指企业职工在劳动生产过程中发生伤亡事故所引起的一切经济损失，包括直接经济损失和间接经济损失。

直接经济损失是指因事故造成人身伤亡及善后处理支出的费用和毁坏财产的价值。间接经济损失是指因事故导